EL DESNUDO

ELEMENTOS DE ANÁLISIS VISUAL

GIOVANNI CIVARDI

DRAC

Giovanni Civardi nació en Milán en 1947. Tras dedicarse a la ilustración y la escultura, desde hace muchos años se interesa por la anatomía para artistas y dirige cursos de dibujo de la figura humana.

La ausencia de vida se manifesta antes de nada por la falta de diálogo.
Aldo Carotenuto

Una partie de choque vie, et même de choque vie fort peu de regard, se passe à rechercher les raisons d'etre kes points de départ, les sources.
Maguerite Yourcenar

Que medio abierta aún, y medio escondida,
cuanto menos se muestra, mas bella resulta
Torquato Tasso

Los dibujos reproducidos en este libro representan a modelos que han dado su consentimiento o personas bien informadas: cualquier posible parecido con otros individuos es pura coincidencia.

Editor: David Domingo
Coordinación editorial: Lorenzo Sáenz
Traducción: Joaquín Tolsá

Publicado originalmente en italiano por Il Castello srl, Trezzano sul Naviglio (Milán), con el título de: *Il nudo. Elementi di analisi visiva.*

c/ Impresores, 20
P. E. Prado del Espino
28660 Boadilla del Monte, Madrid
Tel.: 91 559 98 32
E-mail: info@editorialeldrac.com
www.editorialeldrac.com

ISBN: 978-84-96777-41-5
Depósito legal: M-26483-2007
Impreso en Artes Gráficas COFÁS
Impreso en España – *Printed in Spain*

ÍNDICE

INTRODUCCIÓN

Tal vez sólo se aprende lo que ya se sabe: el maestro no hace más que iluminar el rincón oscuro en el cual se oculta el instinto a la espera de convertirse en idea.
Lorenzo Vespignani

El dibujo de la figura humana nos compromete a nosotros mismos, por completo: atañe a la emoción que sentimos frente al modelo mientras observamos sus características físicas y percibimos, alternándolos con los nuestros, sus estados de ánimo. Quizá, de forma parecida a lo que sucede en el "retrato", y con valores aún más sutiles y profundos, observar el cuerpo de uno de nuestros semejantes provoca una especie de mirada también sobre su "fluir" interior y provoca casi una reflexión o una "proyección" en él...

No sorprende, por tanto, y es bien sabido, que desde los primeros balbuceos del sentir artístico y religioso la representación del cuerpo humano ha constituido uno de los temas más elevados y significativos. El *desnudo* identifica al hombre en su esencia, quizá con itinerarios diversos en las civilizaciones de Occidente y en las orientales: en las primeras, por ejemplo, parece surgir, como rasgo distintivo, la tensión en el análisis, en la descripción, en la anatomía y en la explicación de lo orgánico, en la composición entre "generalidad" e "individualidad"; en las segundas, al contrario, predomina la atención por el fluir vital, por los indicios difuminados pero reveladores de los caracteres más íntimos y esenciales de las energías interiores.

El dibujo de la figura, entonces, parece una práctica arraigada desde hace siglos en la formación del artista occidental y se ha convertido en una "convención" pedagógica aceptada todavía hoy: en una época de expresividades artísticas y de orientaciones estéticas muy diversas se sigue dibujando del modelo vivo y es algo que se considera una práctica didáctica de gran valor.

Varios son los modos y los métodos didácticos con los cuales se puede proceder en el dibujo del desnudo, en el fondo todos atribuibles a dos orientaciones predominantes: la *estructural*, que sigue los principios de la definición científica y, por tanto, induce al dibujante a concentrarse en las cualidades "constructivas" (anatómicas y técnico-geométricas) ofrecidas por el modelo que se está mirando, por ejemplo determinando la longitud de sus segmentos, la dirección de los ejes principales, las proporciones, los contornos, el tamaño de los volúmenes, etc.; y la orientación *expresiva*, que sugiere concentrar en cambio la atención en una visión más espontánea de la figura, teniendo cuidado de captar, más que la estructura orgánica del cuerpo, las cualidades, las emociones, el "carácter" que de él se desprenden: tensión y relajación, energía o inercia, apertura o clausura, dureza o blandura, ligereza o gravedad, etc. Es evidente que las dos orientaciones extremas se pueden (deben) integrar recíprocamente y en diversa medida, dependiendo del temperamento artístico y de las actitudes psicológicas de cada dibujante.

Me ha parecido oportuno, pues, proponer algunos temas de reflexión relativos al dibujo del desnudo: sólo algunos temas, claro está, los que he considerado adecuados para sugerir al menos una serie de itinerarios por los cuales el dibujante puede ponerse en marcha para entrenarse gradualmente a *observar* (como si fuese "la primera vez", con ojos "nuevos", partícipes y escrutadores) el cuerpo humano, masculino y femenino.

En la representación (dibujo, pintura o escultura), la división según géneros o temas (naturaleza muerta, animales, paisaje, figura, etc.) es algo arbitraria. El principio es el mismo y vale para cualquier tema: observar, que significa "mirar con atención y maravilla", ver las relaciones entre cada una de las partes constituyentes y entre ellas y el tema entero, captar el "carácter" de lo que se está mirando, dejar que nos emocione, comprender... Respecto a otros temas, al dibujar o pintar la figura varían entonces las dificultades de percepción y de observación y el esfuerzo requerido para reconocerlas, afrontarlas y resolverlas.

La observación, aplicada al estudio del desnudo, lleva a atribuir una importancia secundaria al puro conocimiento anatómico (es decir, entendido como doctrina científica), pero le atribuye una importancia aún mucho más relevante a la morfología, entendida como búsqueda y explicación de las razones anatómicas de las formas corporales.

La figura humana es, antes que nada, un cuerpo tridimensional, una estructura sólida con profundidad, volumen, peso. Para dibujarla de manera convincente es útil, necesario, aprender a crear, sobre una hoja plana de papel, la ilusión de una forma sólida. Una vez adquirido el control de la forma esencial, se puede pasar a la interpretación subjetiva y creativa de la figura humana, profundizando, con los debidos límites, las nociones "instrumentales", como la anatomía, la perspectiva, el claroscuro, etc. Por ejemplo, la observación atenta puede ser suficiente, por sí sola, para llevar a considerar en qué puntos del cuerpo la estructura ósea se halla próxima a la superficie corporal. Las informaciones anatómicas pueden confirmar posteriormente la exactitud del "reconocimiento", del análisis visual, pero hace falta dar después expresión artística a estos "hechos evidentes" mediante la coherente valorización o la eficaz síntesis de los aspectos adecuadamente plásticos y gráficos de la forma. En conclusión, una obstinada exploración de carácter "científico" puede resultar superflua, escolástica, poco interesante o, incluso, nefasta para el resultado artístico. La precisión no significa pedantería o imitación servil. Si la doctrina sabihonda vive en la exhibición, el conocimiento profundo se manifiesta, en cambio, en la simplicidad...

6 ESTRUCTURA INTERNA: ANATOMÍA

Para describir de manera adecuada y convincente las formas externas del cuerpo humano es, si no indispensable, por lo menos útil conocer también las características de forma, de posición y de funcionamiento de los elementos que componen su estructura "interna", de manera especial los relativos al aparato *locomotor:* los huesos, las articulaciones, los músculos. La *anatomía* es, principalmente, una disciplina científica, pero reviste un gran interés para el artista, tanto por los aspectos culturales, históricos y filosóficos que de ella se desprenden como por los que más atañen a la representación consciente del *desnudo*. La anatomía, en conclusión, debería entenderse como un "instrumento" a disposición del artista (que quiera valerse de ella) para conocerse mejor a *sí mismo* y conocer mejor el *cuerpo*, para proceder mejor en su libre actuación como artista, creador y ser humano. Se debería recurrir al dato científico puntual y exhaustivo para "fundamentar" cabalmente las formas corporales y para clarificarlas mejor, pero después de haber ya comprendido su apariencia mediante la observación atenta.
Es bien sabido: el tema, que implica tanto el aspecto técnico-doctrinal como el aspecto de desarrollo histórico, es demasiado vasto. Aquí quisiera solamente recordar su existencia (en una época de casi indiferencia o de patente olvido de sus valores de disciplina cognoscitiva y formativa...) y sugerir su eventual profundización por parte del artista. Bibliografía de consulta no falta.

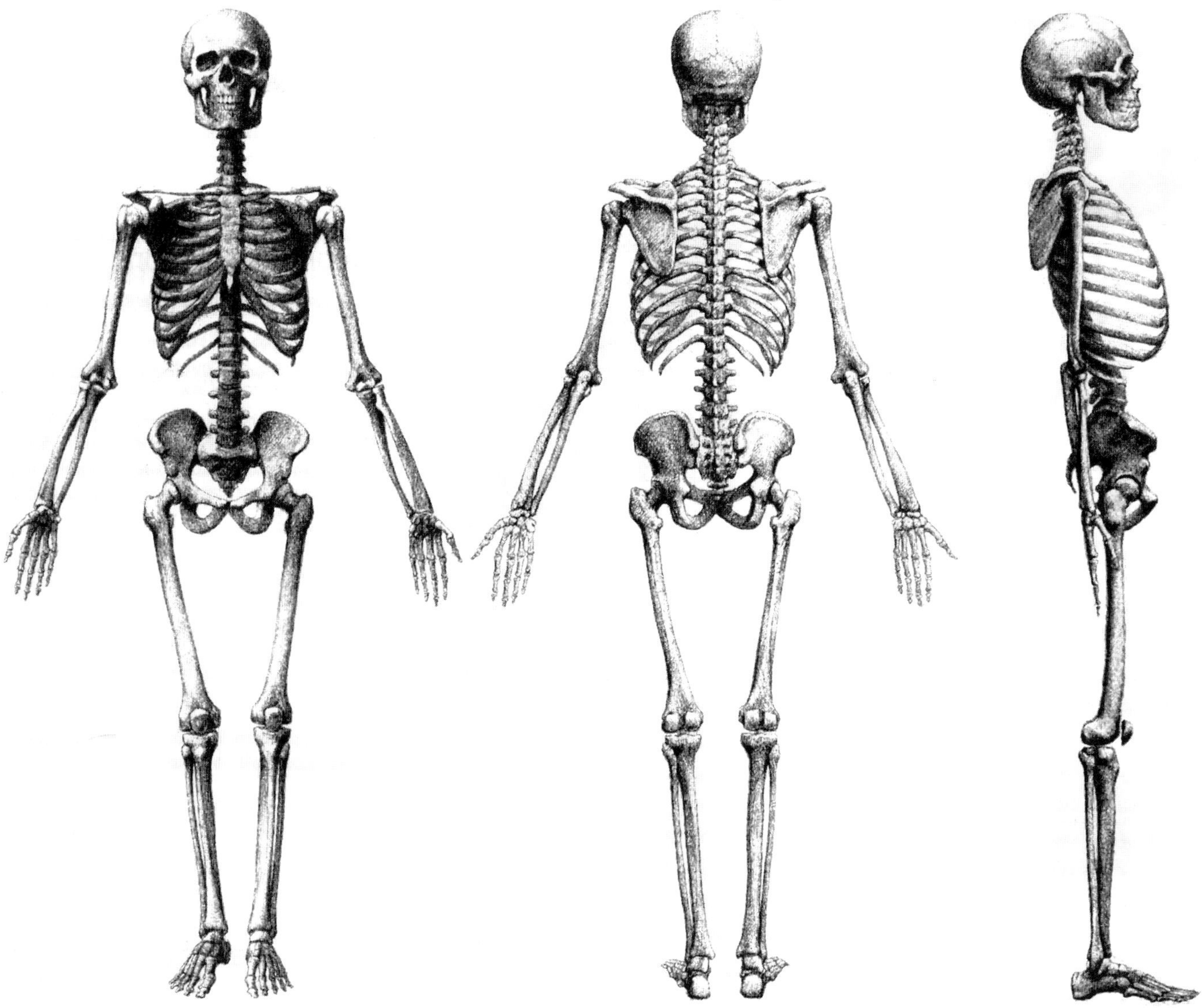

El esqueleto constituye el elemento "de sustentación" de nuestro cuerpo y está compuesto por más de 200 huesos unidos entre sí mediante las articulaciones. El cráneo, la columna vertebral, la caja torácica y la pelvis componen el esqueleto "axilar". Los huesos de los miembros inferiores y superiores, a los cuales se añaden las clavículas y los omóplatos, constituyen el esqueleto "apendicular".

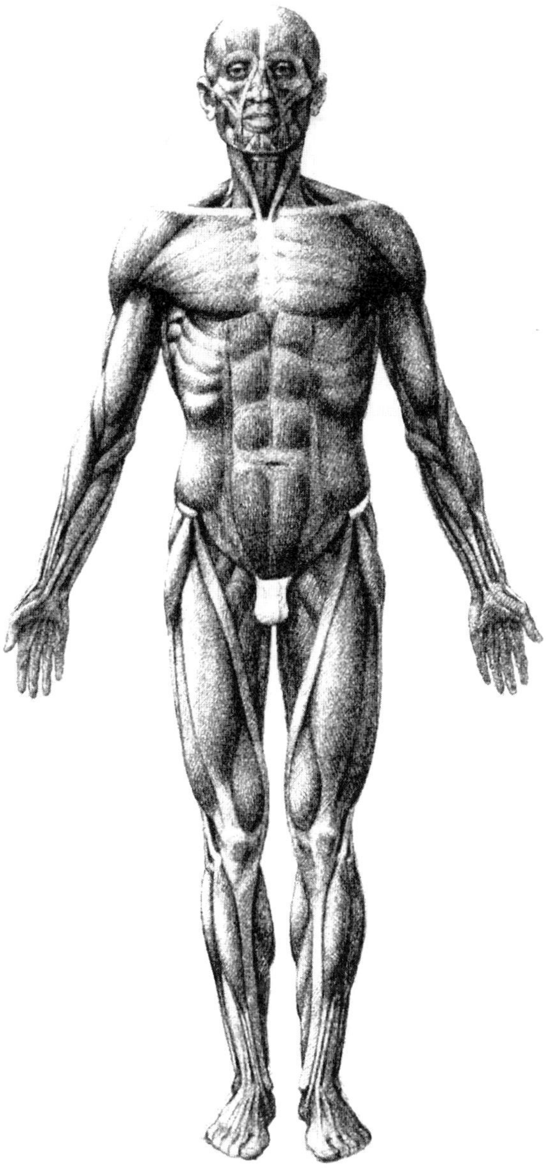

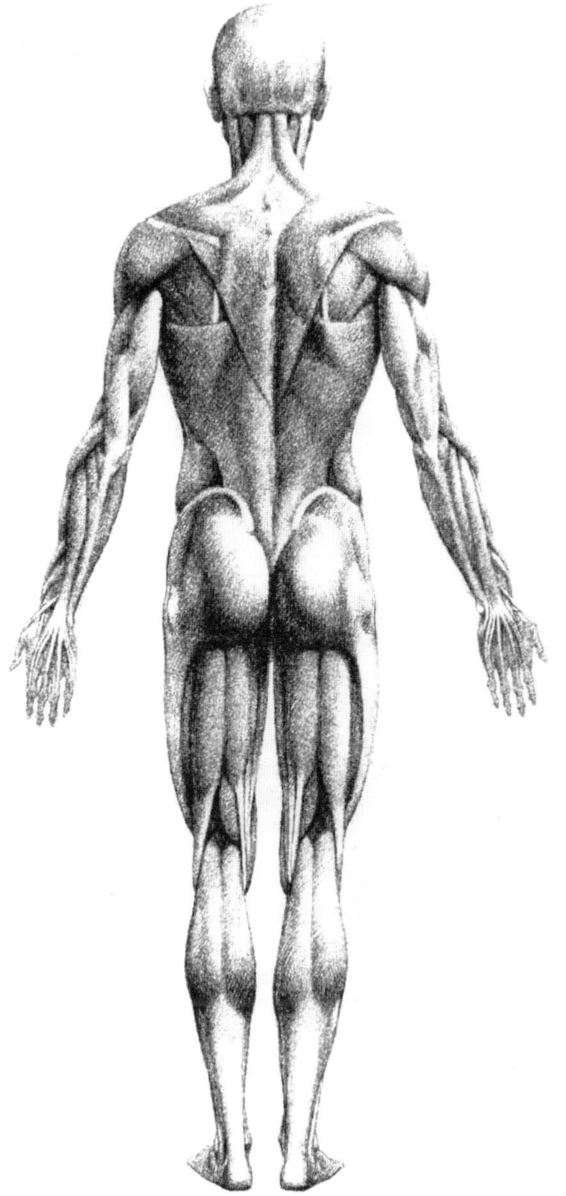

Los músculos esqueléticos constituyen, en cambio, el elemento "activo" del aparato locomotor: al contraerse, actúan sobre los huesos en los que se insertan, los desplazan y realizan sus diversos movimientos y sus diversas posturas corporales. De hecho, al actuar, los músculos se acortan y se ensanchan o modifican su forma y su consistencia de manera variable en relación con la intensidad del acto realizado. La forma de los músculos del estrato superficial (el que presenta principal interés para el artista, al menos en una primera aproximación), en estado de reposo o en estado de contracción, contribuye en buena medida a definir el aspecto exterior del cuerpo.

Para el artista cobra importancia relevante observar, sobre el modelo, la posición, la inclinación adoptada y la orientación que presentan la pelvis y la columna vertebral: son los elementos que determinan el "carácter" de la postura, el punto principal del que parten el movimiento y el estado de equilibrio. De ellos, en resumen, se desarrollan de manera secundaria, pero coherente, los otros segmentos corporales. Los "puntos de referencia", es decir, aquellas zonas en las cuales los huesos aparecen más próximos a la superficie, cubierta casi únicamente por la piel y por tejido subcutáneo, son fácilmente identificables a la vista y al tacto y sirven como tales puntos precisos de referencia para mediciones o valoraciones anatómico-morfológicas.

Los dibujos esqueléticos y miológicos reproducidos en estas dos páginas son tan sólo esquemas sinópticos deducidos de otros libros míos, a los cuales remito a quienes deseen ampliar sus conocimientos anatómicos: *Anatomia artistica*, Il Castello, Milán, 2.ª ed., 2000, y *Morfologia esterna del corpo umano*, Il Castello, Milán, 1999.

7 SIMETRÍA Y ASIMETRÍA

Obliquity expresses action
Rudolf Arnheim

El concepto de *simetría* (término que, en principio, significa simplemente "proporción justa") se relaciona estrechamente con el de equilibrio, si bien éste, para realizarse, no exige necesariamente una disposición simétrica. La simetría puede ser *central* (típica de los cristales) o *axial*, en la cual las formas de un plano dado se distribuyen especularmente en torno a una recta, un eje llamado, precisamente, de simetría. Es ésta la disposición más frecuente de las formas orgánicas y, por tanto, también del cuerpo humano. De hecho, si observamos, frontal o dorsalmente, el cuerpo dispuesto en posición erguida ("anatómica"), apreciamos fácilmente que un hipotético plano medio vertical divide la forma en una mitad derecha especularmente simétrica a la izquierda, aunque no con una correspondencia totalmente idéntica. La visión lateral del cuerpo, en cambio, no presenta ninguna simetría entre la mitad anterior y la mitad posterior. Simetría y equilibrio no se relacionan entre sí sólo según los principios físicos de la gravedad, sino también según los principios de la "percepción visual", sobre todo los de peso y direccionalidad. Así, el *peso visual* depende de la manera (posición, distancia, color o tono, masa, etc.) en que se coloca en la imagen cada elemento de una composición; la *direccionalidad*, o sea la disposición de los elementos según líneas de orientación, puede producir formas simétricas o asimétricas "dinámicas", cargadas de tensión o de equilibrio. La simetría, de hecho, se asocia instintivamente con la inmutabilidad, con la estabilidad o con el estatismo, y por este motivo se busca sólo raramente en la representación de la figura humana, mientras que se prefiere la asimetría moderada, que sugiere el movimiento o la tensión dinámica.

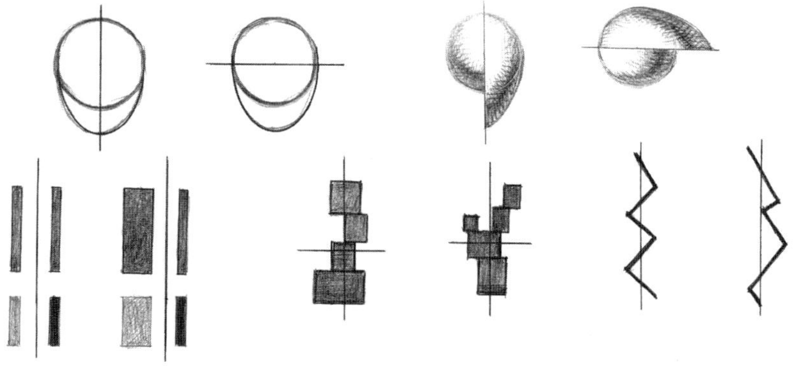

Puede ser útil, para orientarse en la elección compositiva de la postura en que representar un desnudo, hacer algunos experimentos más "abstractos", comparando y valorando los efectos de masas volumétricas o tonales muy simplificadas y dispuestas tanto de manera simétrica como asimétrica. El análisis de la simetría es provechoso en el ámbito del dibujo o de la pintura, pero es indispensable para disponer los pesos corporales efectivos cuando se prevea modelar o esculpir la figura.

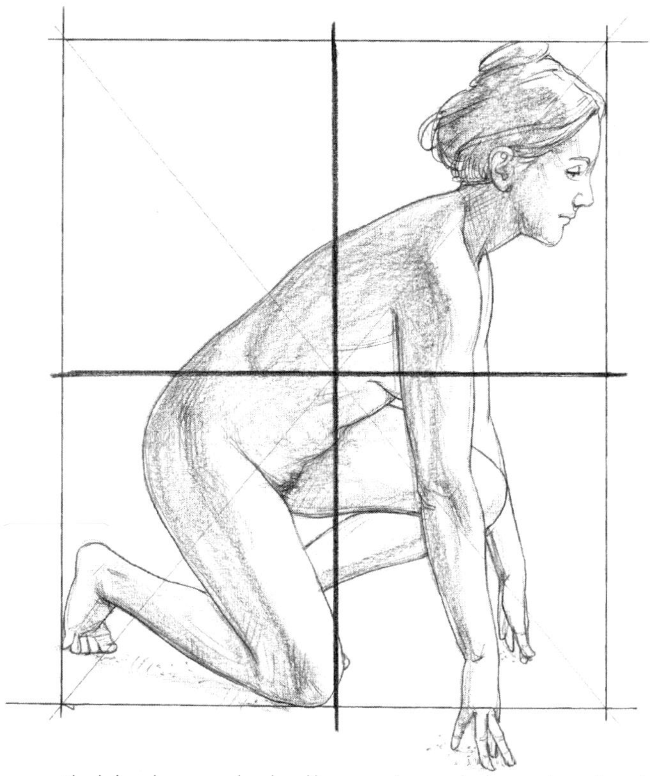

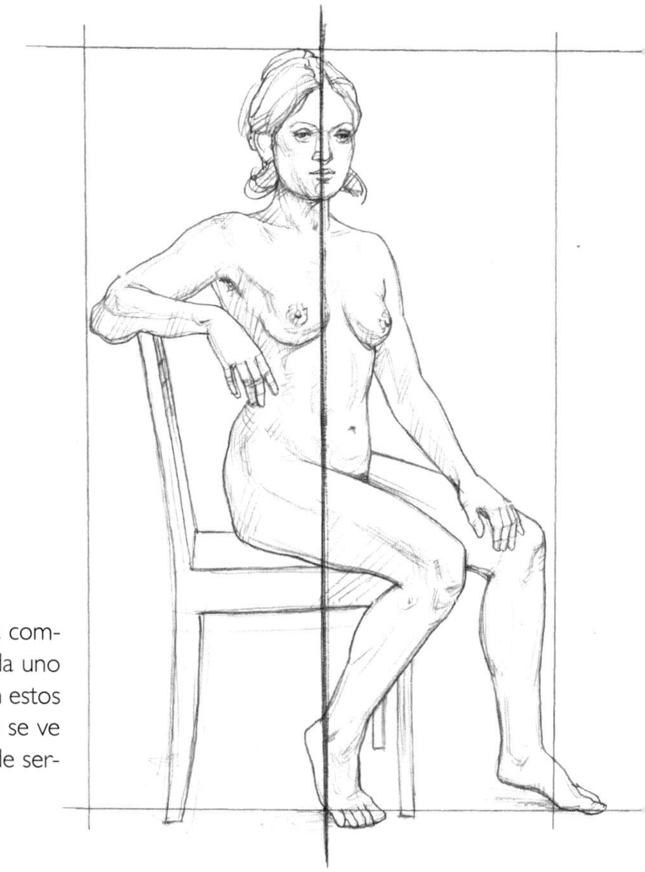

Una línea vertical (o el cruce de dos líneas ortogonales) en el centro de una composición de figura ayuda a juzgar el grado de disposición simétrica, no de cada uno de los elementos corporales, sino de las grandes masas que los agrupan. Así, en estos dos esquemas, el área ocupada por el cuerpo en la mitad derecha del dibujo se ve compensada, en buena medida, por la descrita en la mitad opuesta. Esto puede servir también para subdivisiones diagonales o supero-inferiores, etc.

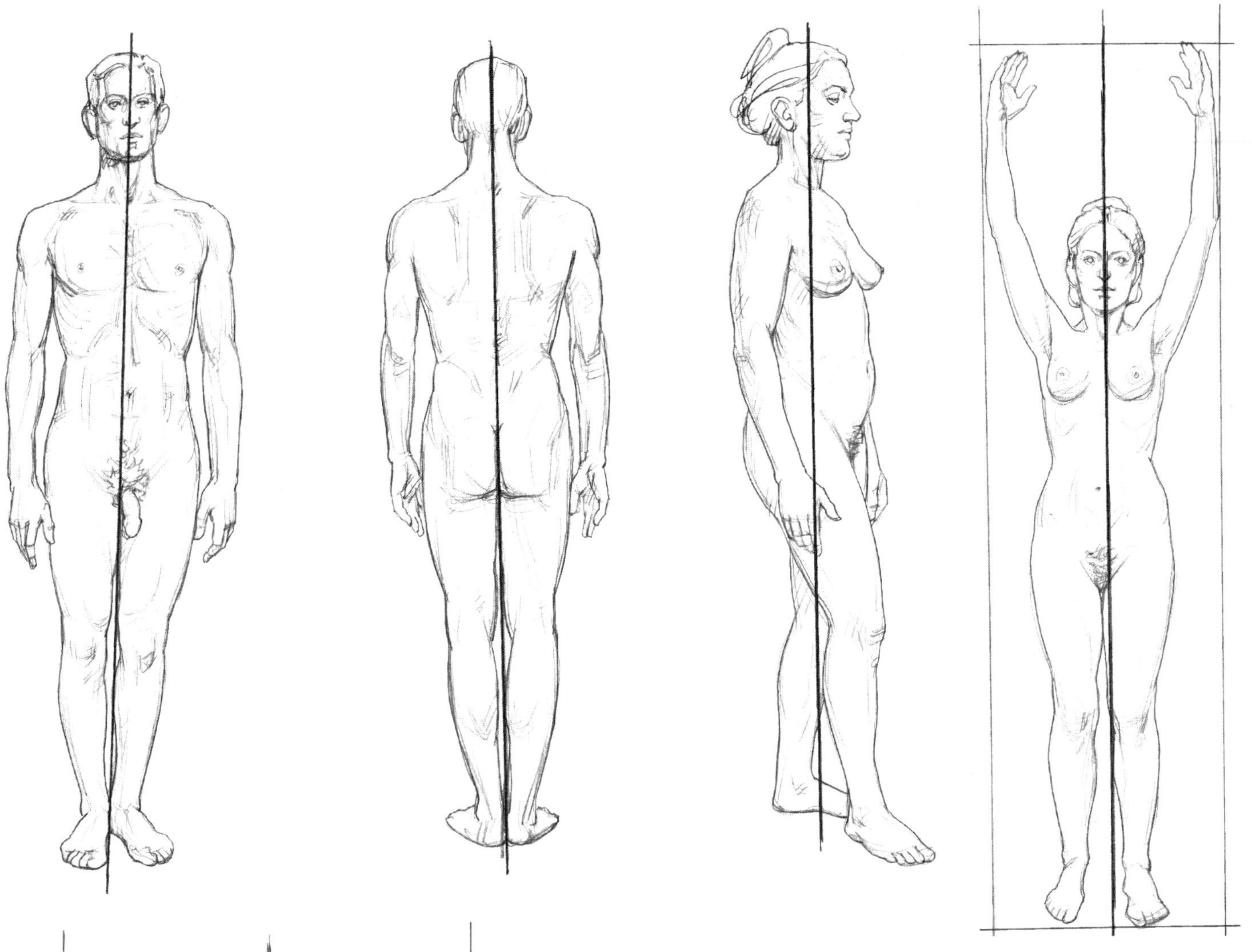

La posición "anatómica" pone bien en evidencia la simetría bilateral del cuerpo humano en las vistas frontal y dorsal, pero la niega en la proyección lateral. Es ésta, en suma, una posición adecuada para las referencias anatómicas o proporcionales, pero no para la representación artística, que resultaría excesivamente estática e "inanimada". Desde los tiempos de la Grecia clásica se ha optado y preferido, en la escultura sobre todo, por la posición llamada de *contrapposto*, isquiática o de cadera, en la cual la densificación del peso corporal sobre uno solo de los miembros inferiores hace que la actitud resulte mucho más expresiva y rica en delicadas tensiones.

a

a) En este dibujo, la compleja simetría corporal se ve compensada, pero sólo de manera predominantemente "visual" y "emotiva", por el gesto de las manos, a las cuales se desviará la atención del observador, menos abstracta que la representación del equilibrio "físico" descrito en la parte del cuerpo restante...

8 EQUILIBRIO Y REEQUILIBRIO

El *equilibrio*, en sentido físico-mecánico, se relaciona con la posición del centro de gravedad, el baricentro, en el cual se concentra la masa del cuerpo. La figura humana se ve continuamente sometida a fuerzas mecánicas (de gravedad, de traslación, de fricción, etc.): si las fuerzas se anulan, se "equilibran", se produce un estado de equilibrio. Si carece de soportes o de apoyos externos, el cuerpo humano mantiene el equilibrio con continuas adaptaciones y, así, la línea de gravedad cae dentro del área definida por la postura sobre el suelo. Por ejemplo, en la posición erguida la superficie de apoyo viene delimitada por el contorno externo de los pies y comprende el área intermedia entre ellos. El reequilibrio, pues, permite mantener la postura, evitando la caída, tanto en las posiciones estáticas como durante el movimiento. Es evidente que, cuando la estabilidad es amplia (por ejemplo, en las posiciones sentadas o reclinadas), la necesidad y la amplitud de reequilibrio son menores. Los distintos segmentos corporales (cabeza, tronco, miembros inferiores, etc.) tienen cada uno su propio centro de gravedad y su propio eje: su superposición vertical describe, en conjunto, una línea quebrada en segmentos diversamente angulados en sentido antero-posterior. La columna vertebral, anclada en la pelvis, es flexible pero robusta: es el elemento esencial para realizar el equilibrio y el reequilibrio y es también la estructura de mayor interés para describirlos eficazmente en la representación. En la mayoría de las circunstancias, en conclusión, para confirmar que el equilibrio que aparece en el dibujo se corresponde con el efectivo del modelo, basta localizar con cierta aproximación el centro de gravedad (proyectable en un punto ligeramente inferior al ombligo) y trazar desde éste la línea de gravedad, vertical, hasta el suelo: si va a caer dentro de la superficie de apoyo, el cuerpo se halla en posición correcta de equilibrio; si cae fuera de esa área, significa que el cuerpo no está en equilibrio, o bien que está intentando alcanzarlo mediante el desplazamiento de otros segmentos corporales.

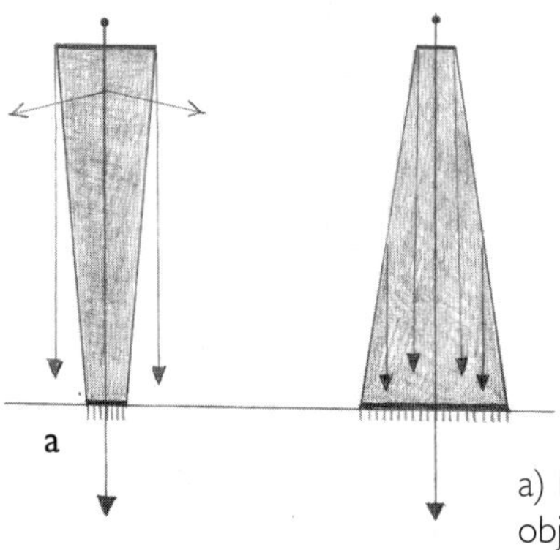

a

b

a) El equilibrio resulta de la distribución equitativa del peso: un objeto se encuentra tanto más estable cuanto más amplia es su base de apoyo y cuando más bajo se halla su baricentro.

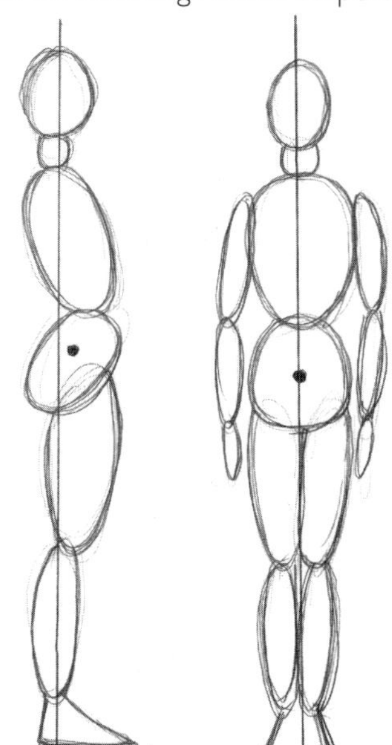

b

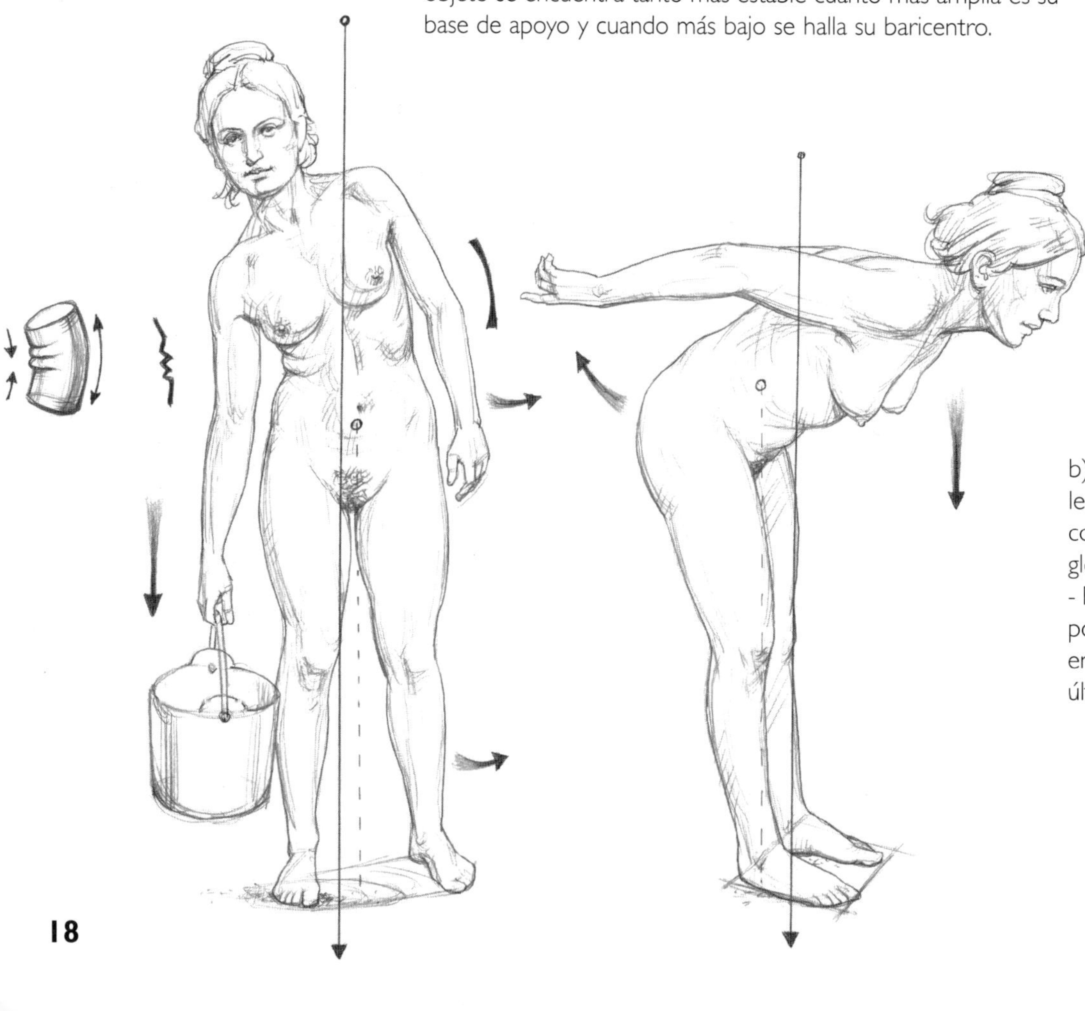

b) Los diversos segmentos corporales se hallan en equilibrio recíproco y contribuyen a determinar el equilibrio global del cuerpo.
- El centro de gravedad del cuerpo en posición erguida se encuentra situado en la pelvis, poco más adelante que la última vértebra lumbar.

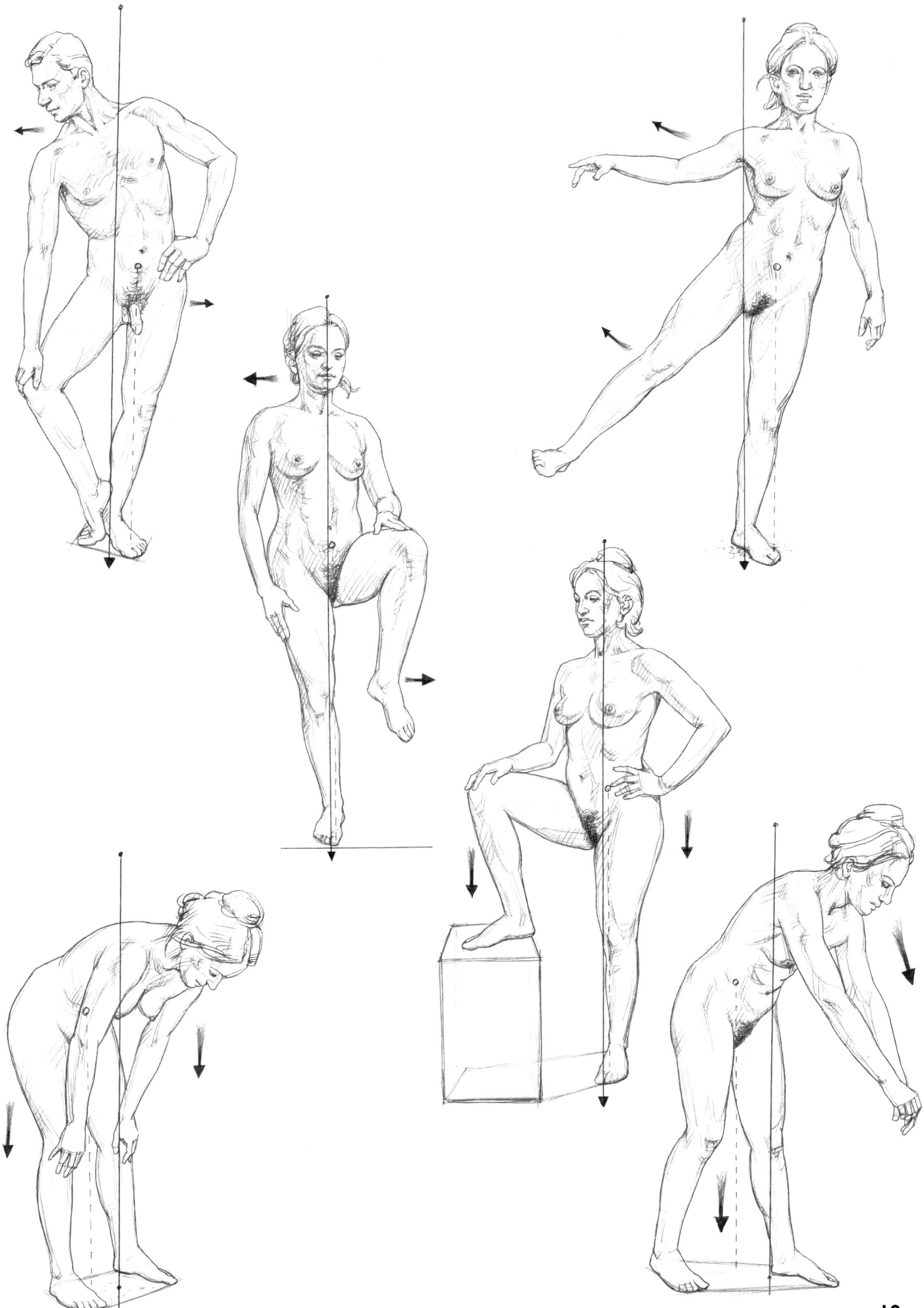

9 PERSPECTIVA Y ESCORZO

La *perspectiva* es un método gráfico adecuado para representar, sobre una superficie plana, la profundidad del espacio: el efecto de recesión en la lejanía se obtiene (en la perspectiva lineal) mediante la disminución del tamaño de los objetos representados. Para "poner en perspectiva" el cuerpo humano se recurre sobre todo a la perspectiva angular (u oblicua), en la cual intervienen dos puntos de fuga situados hacia los extremos de la línea del horizonte. El cuerpo puede imaginarse como encerrado en un paralelepípedo, cuya proyección de perspectiva es fácil de obtener: bastan, en una primera aproximación, sólo algunas nociones de perspectiva "intuitiva".
Se observa que la figura humana se ve y representa, casi siempre y en cualquier medida, en condiciones de *escorzo*, el efecto de oblicuidad de la perspectiva en el cual todas las partes del cuerpo, dispuesto sobre un plano horizontal, que no sean paralelas al plano de proyección, aparecen diversamente alteradas en sus proporciones o quedan parcialmente cubiertas por superposiciones de otras partes.

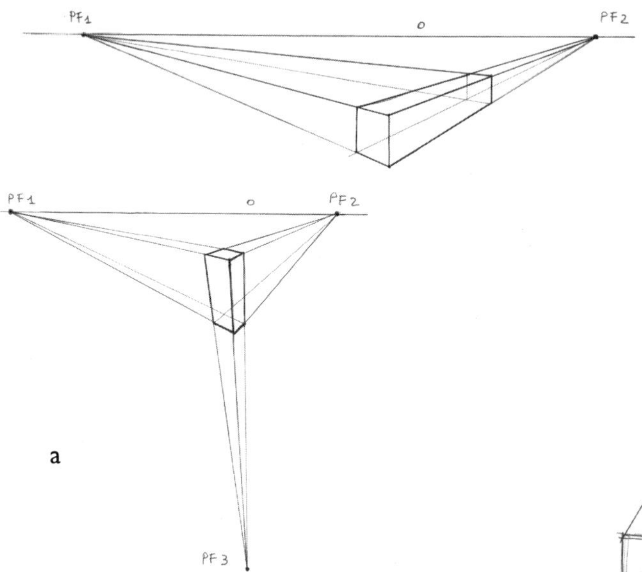

a

a) En estos dos esquemas se resumen dos casos frecuentes: los de la perspectiva angular con dos y con tres puntos de fuga.

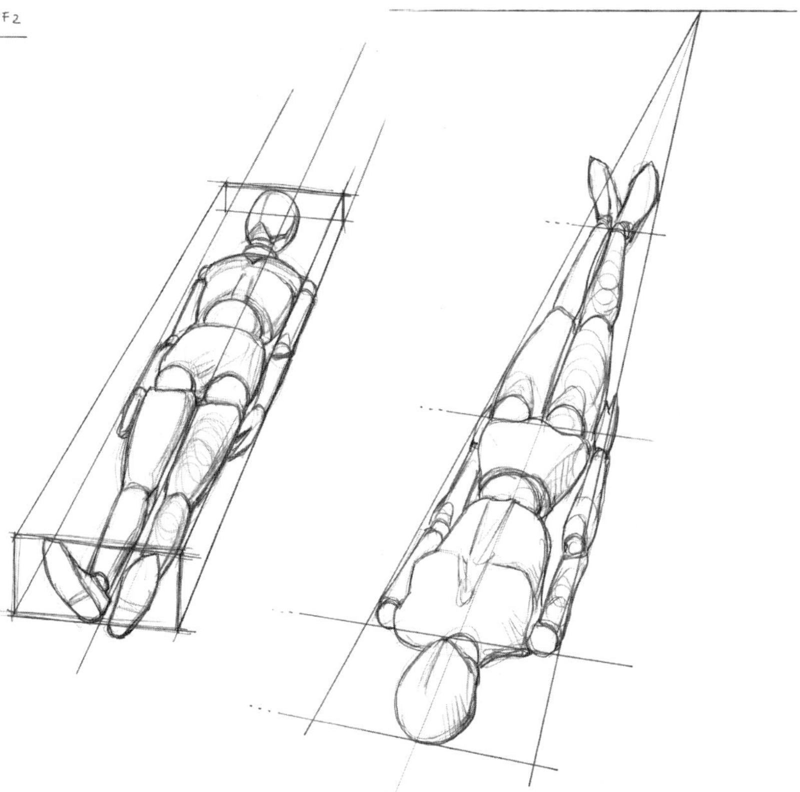

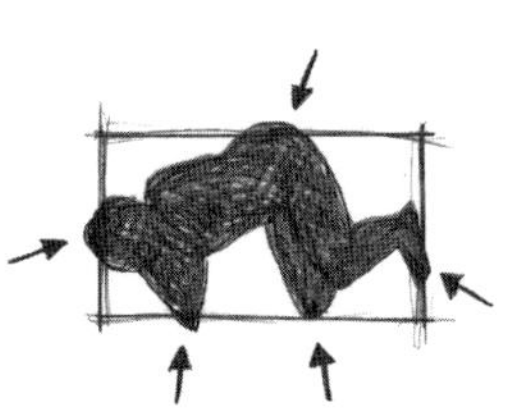

Para captar fácilmente los efectos de la perspectiva del cuerpo puede que sea oportuno hacer que el modelo se tumbe sobre una superficie con una forma geométrica sencilla (un cuadrado, un rectángulo, etc.), que puede ponerse en perspectiva muy fácilmente. Se emplean, para este fin, pequeñas alfombras, hojas rectangulares de papel de periódico o de embalaje, o bien el tablero de una mesa o de una peana.

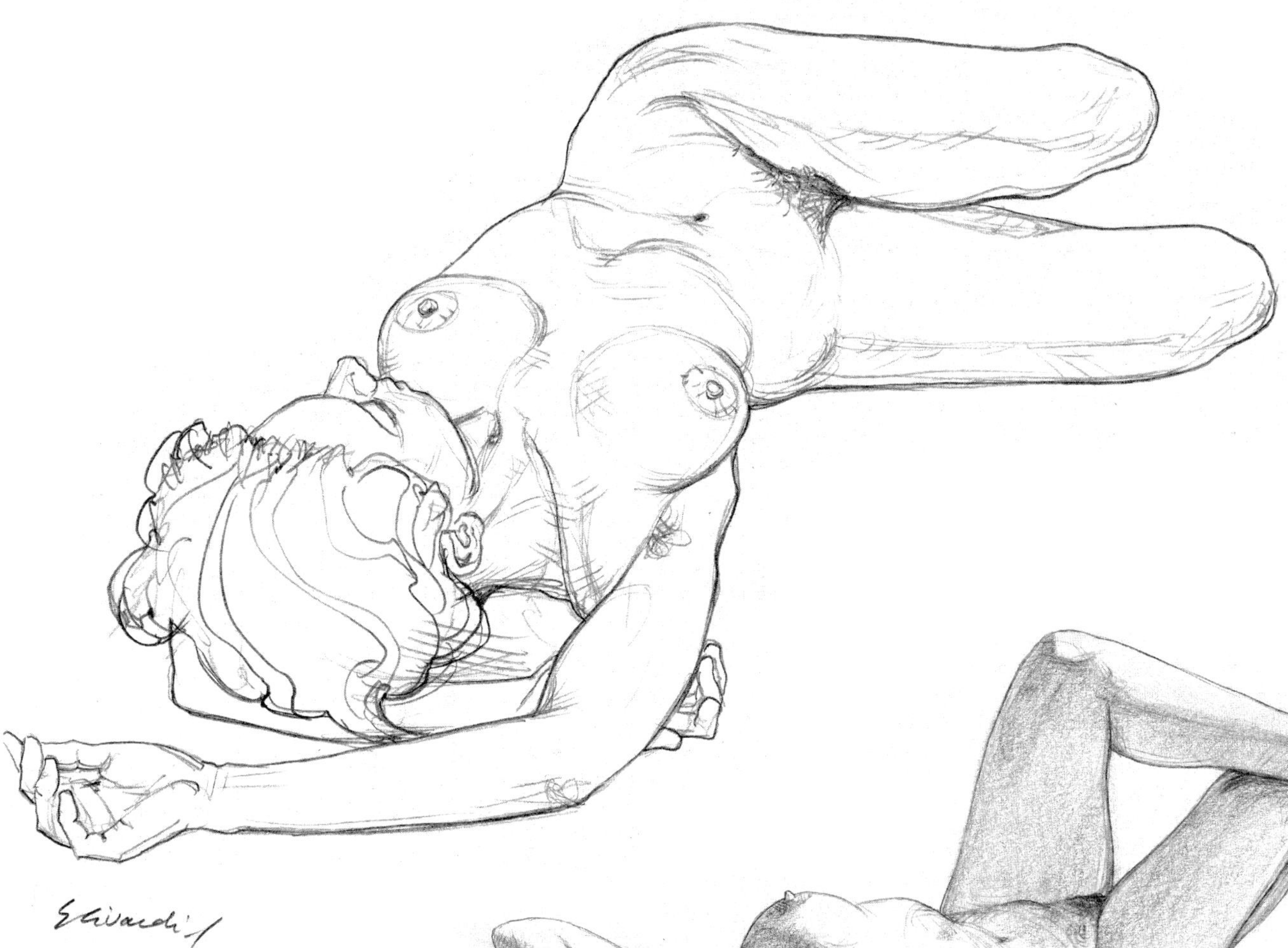

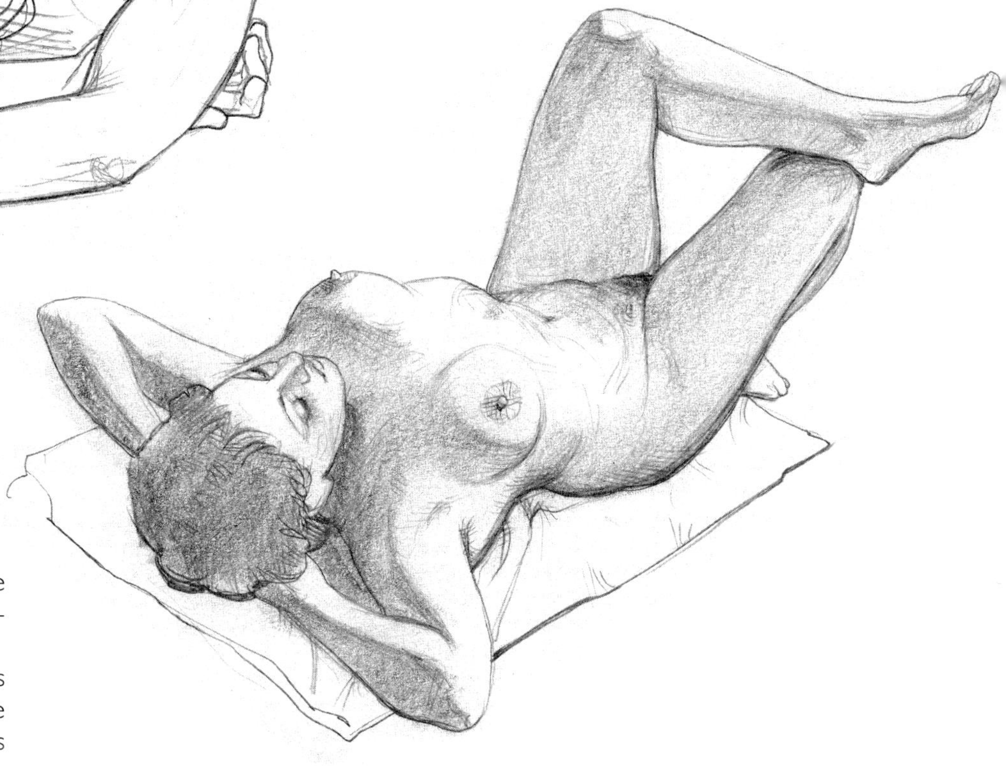

Al observar una figura colocada en fuerte escorzo, conviene considerar algunos aspectos:

- Hay en él una marcada diferencia entre las dimensiones aparentes y las reales, sobre todo en las partes más cercanas y en las más distantes; es preciso compensarlas adecuadamente a fin de evitar efectos desagradables o que pueden dejar de reflejarse en el dibujo.
- Es difícil apreciar las relaciones entre las proporciones; por tanto, es útil deducirlas a partir de mediciones reales, eligiendo un "módulo", es decir, una parte del cuerpo claramente reconocible, y comparándolo con las demás partes alteradas en su forma y en sus dimensiones.

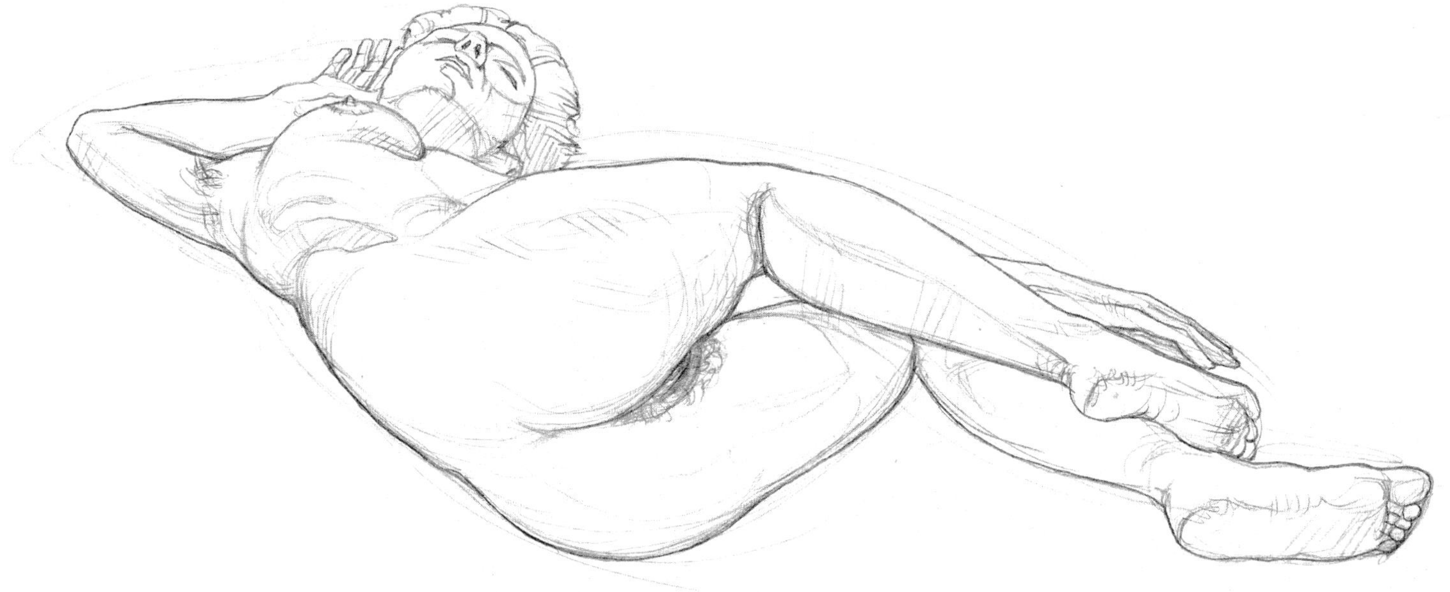

El efecto de recesión en el espacio se obtiene también mediante la superposición parcial de los diversos segmentos corporales y delineando los más próximos al observador de manera más nítida y detallada respecto a los más distantes: una especie de débil "perspectiva aérea" entre las extremidades del cuerpo... El aspecto volumétrico, de rotundidad de las formas, se puede sugerir no sólo mediante una moderada "geometrización", sino también acompañando la superficie del segmento corporal con una serie de "líneas de nivel", apenas sugeridas en el dibujo (ver pág. 12).

10 LUZ Y SOMBRA

La *luz*, creando las correspondientes *sombras*, modela la forma del cuerpo humano, como ocurre con cualquier otro objeto que se ilumine. La luz, como bien se sabe, puede ser natural (solar) o artificial y puede incidir en la superficie con diversas inclinaciones (de lado, oblicuamente, desde arriba, etc.) y con diferente intensidad o concentración (directa, difusa, débil, intensa, etc.). Inversamente, la forma y la dirección de las sombras indican la intensidad y la posición de la fuente luminosa. En conclusión, la luz y la sombra son factores determinantes no sólo para resaltar las formas plásticas, confiriéndoles el relieve apropiado, sino también para sugerir plenamente la sensación de volumen o para ofrecer la percepción del espacio, de la profundidad.

El juego de luz y de sombra se realiza, en el dibujo, mediante el *claroscuro*, es decir, la graduación tonal diversamente matizada en una secuencia de valores intermedios entre el más claro y el más oscuro. Al dibujar el desnudo, sobre todo, es quizá útil sugerir algún elemento de consideración: 1) iluminar el modelo con luz bastante difusa, proveniente de una sola fuente y de intensidad moderada; 2) valorar el medio tono (el tono "local") y después localizar e indicar enseguida en el dibujo las áreas principales de máxima "luz" y de sombra más intensa decidiendo, así, los valores extremos de la gama tonal; 3) prestar mucha atención, sobre el modelo, a la línea de separación entre las zonas iluminadas y aquellas en las que comienza la sombra, a la luz refleja y a la sombra proyectada; 4) organizar la disposición de la áreas de "claro" y de "oscuro", tanto sobre el cuerpo como en el ambiente: su alternancia o contraposición puede contribuir a la composición del dibujo mediante áreas de diferente "peso visual".

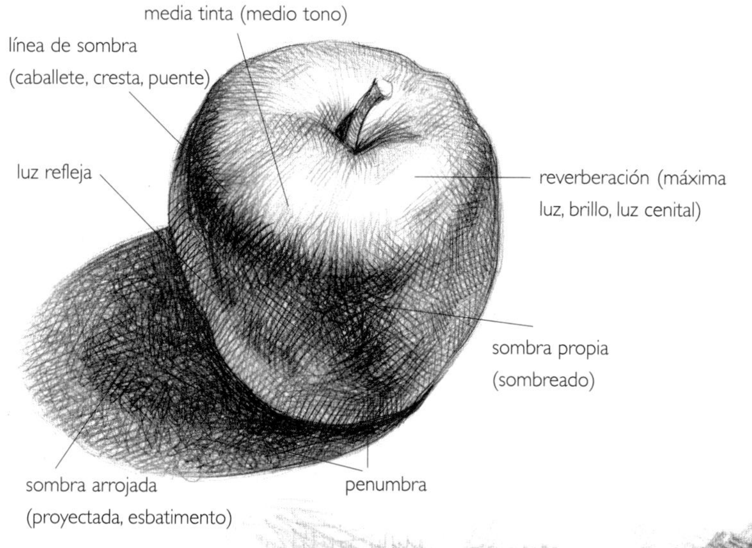

El esquema reproducido junto a estas líneas está sacado de un libro mío anterior (*Il chiaroscuro*): resume la terminología del claroscuro, de fácil comprensión.

Las sombras pueden producir efectos dramáticos e intensamente expresivos, en especial si la dirección de la que proviene la luz es algo insólita.

a

a) Efectos diversos de relieve de las formas en dos orientaciones de la figura, en la misma postura, y en relación con la misma dirección de la luz.

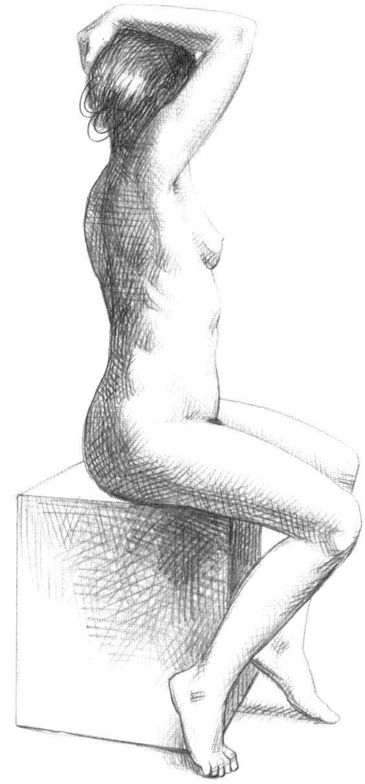

b

b) Diverso efecto de contraste de la figura en relación con la tonalidad del fondo.

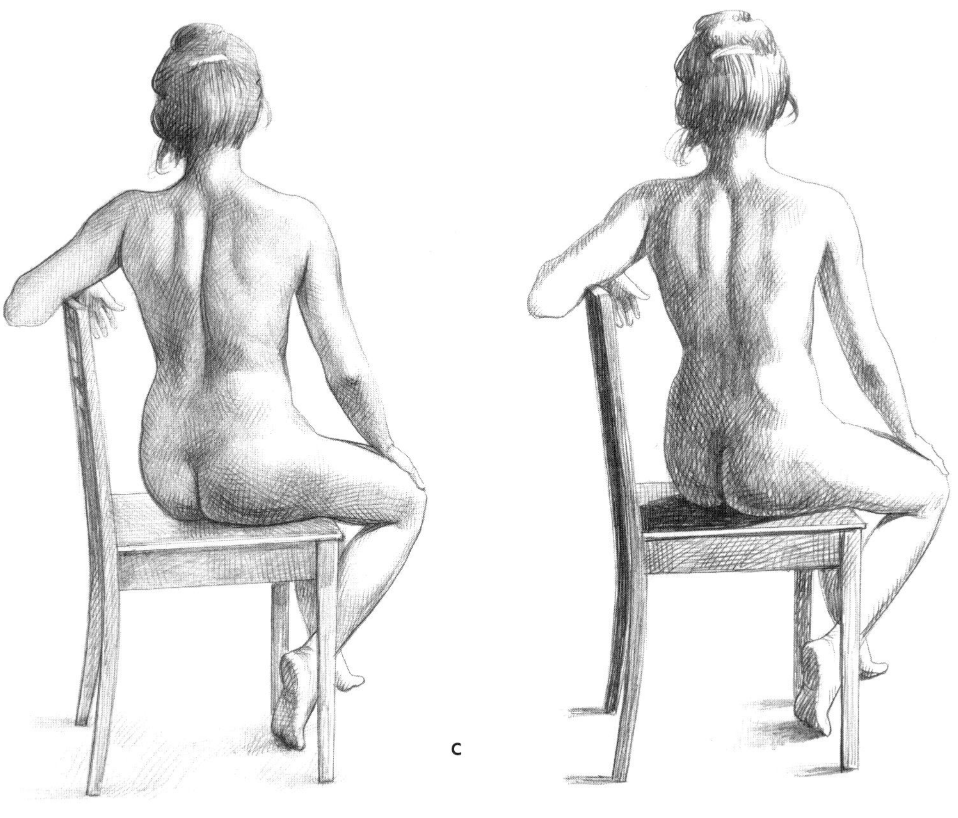

c

c) Resultados producidos por la luz tenue y difusa y por la luz intensa y directa.

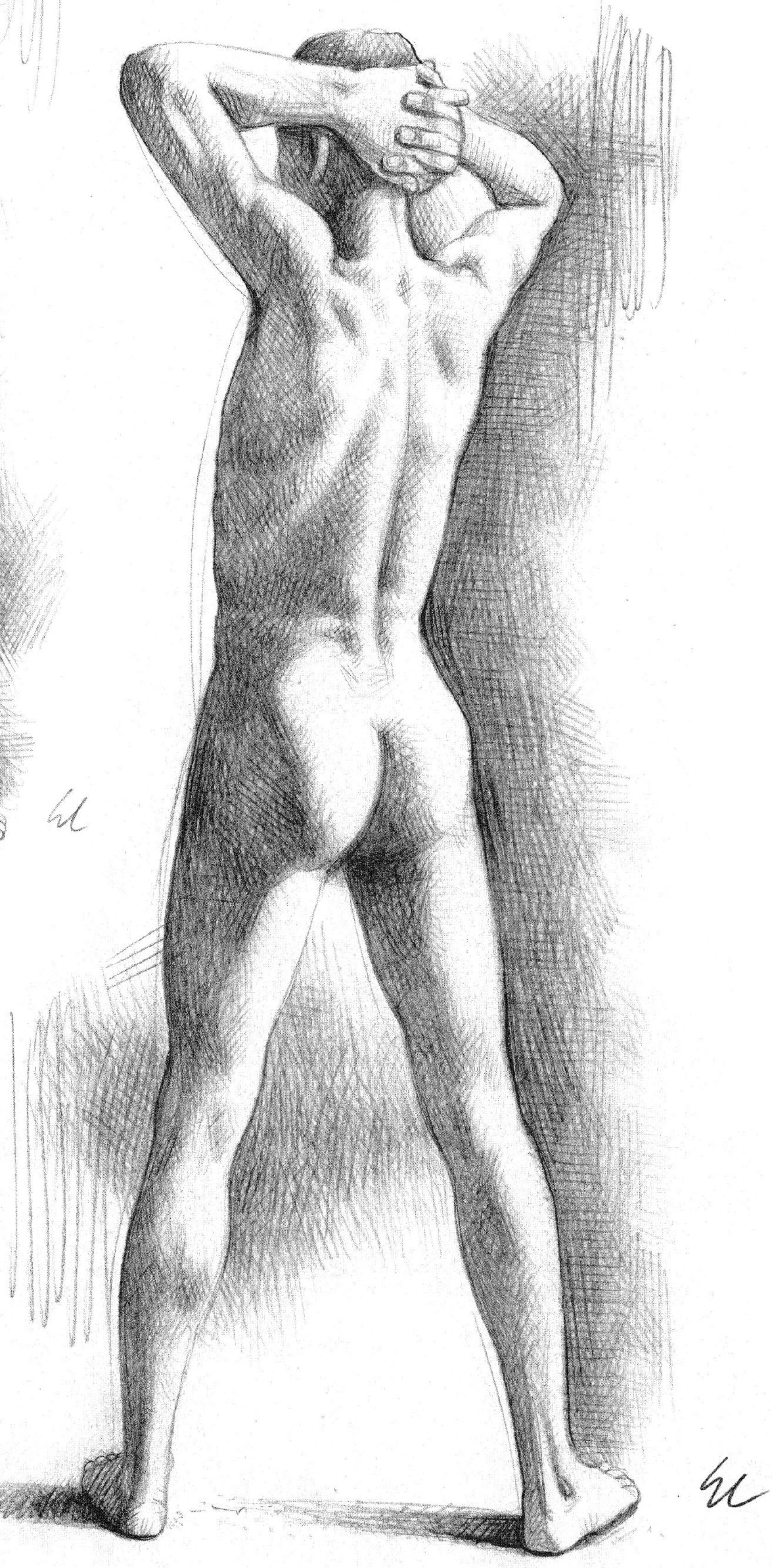

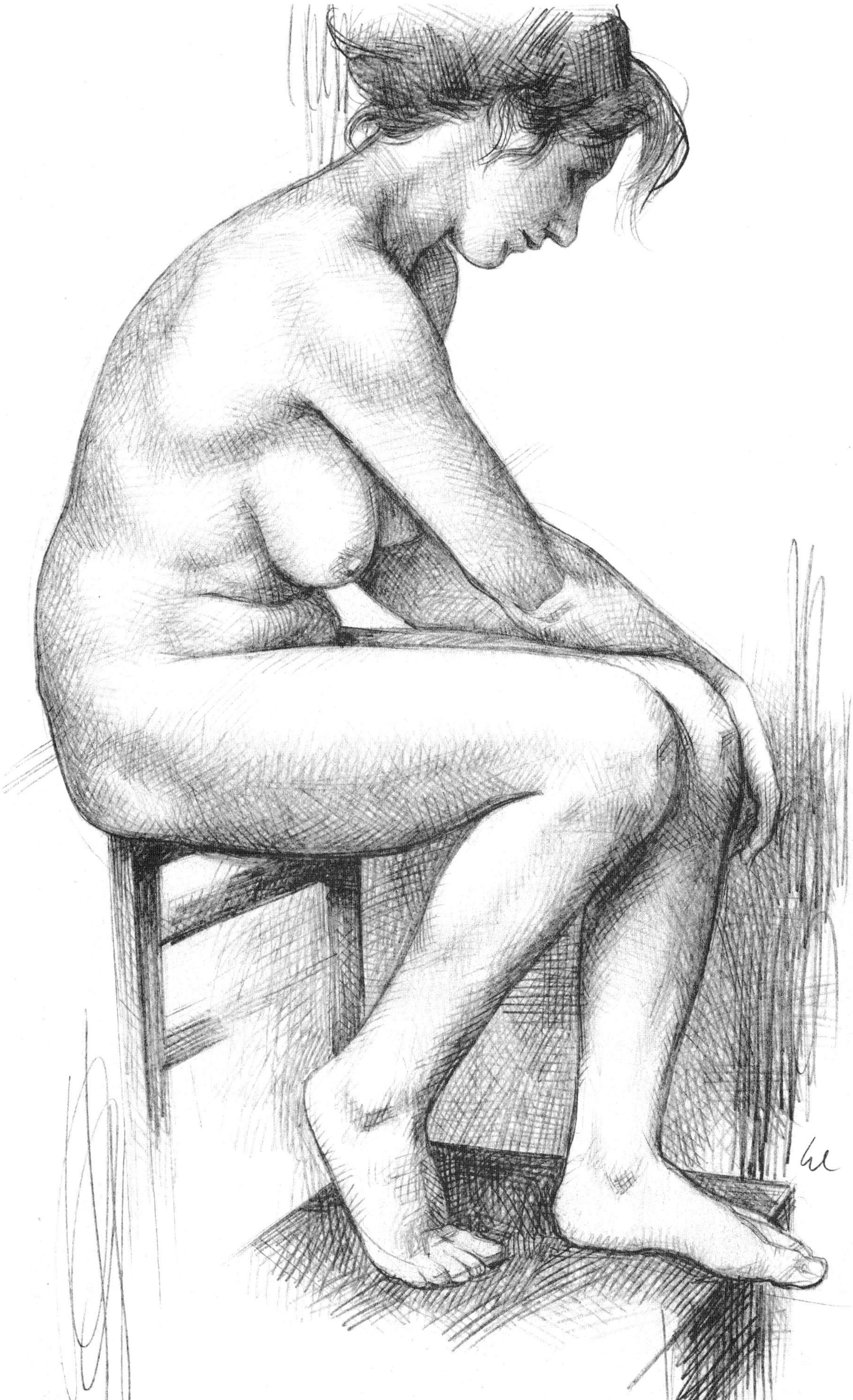

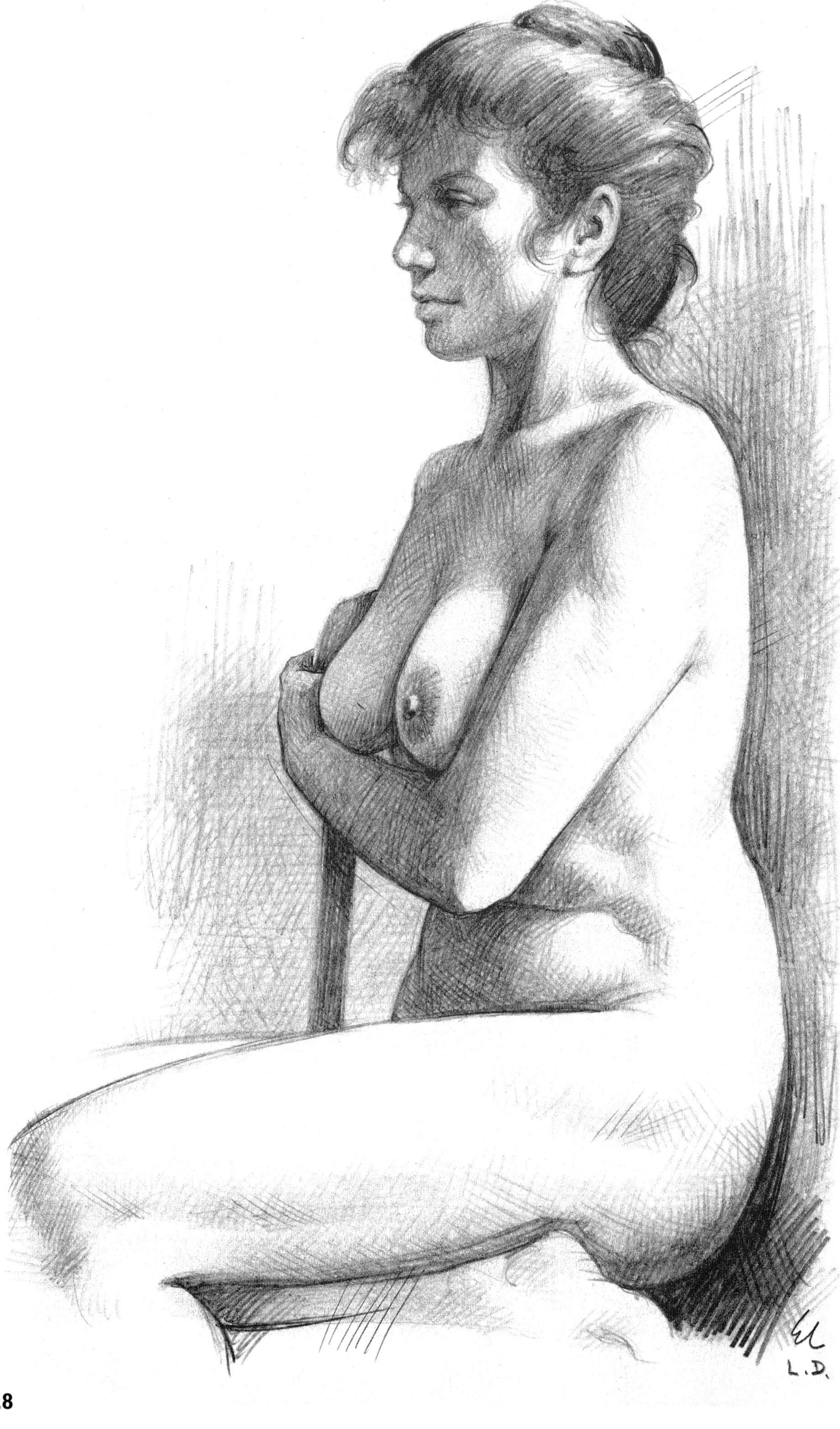
L.D.

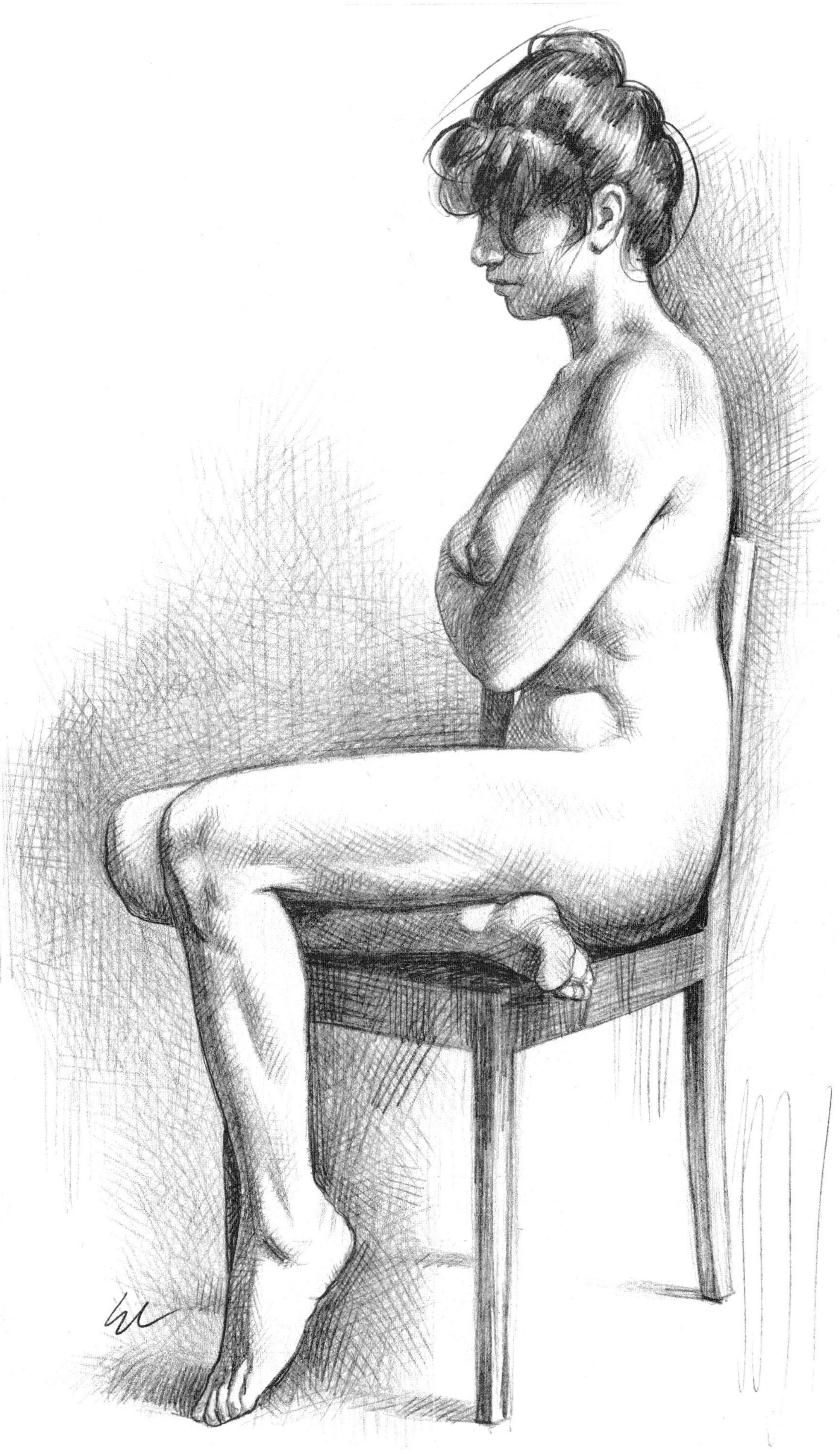

11

ELECCIÓN DE LA POSE Y DEL PUNTO DE VISTA

La elección de la *pose* para el estudio del desnudo depende, además que de preferencias estéticas y orientaciones funcionales, también del objetivo del dibujo que se pretende realizar y de las circunstancias en las cuales se lleva a cabo. Por ejemplo: si se quiere trazar un esbozo rápido o un dibujo muy elaborado, si se pretende favorecer las líneas de los contornos, el claroscuro, el gesto o las características anatómicas. A veces, la elección que se revela más expresiva viene sugerida por la postura asumida por el modelo mismo, de manera casual o intencional. Así, algunas posturas las describe mejor el cuerpo masculino, otras el cuerpo femenino; en muchas circunstancias, el perfil del cuerpo es más adecuado para representar el movimiento, mientras que la visión frontal (o dorsal) es más idónea para comunicar el estado de equilibrio y las tensiones para mantenerlo. Pero, cuando se dibuja un desnudo, puede ser interesante hacerlo desde distintos *puntos de vista*, "dando vueltas" en torno al modelo, por así decir, observándolo desde diversos ángulos, en busca del aspecto más favorable, útil o sugerente. No pocas veces, la visión en perspectiva acentuada produce efectos insólitos y atrayentes: se puede dibujar al modelo colocándolo en posición elevada o agachada, tanto acomodándose sobre un objeto elevado como sentado en el suelo.

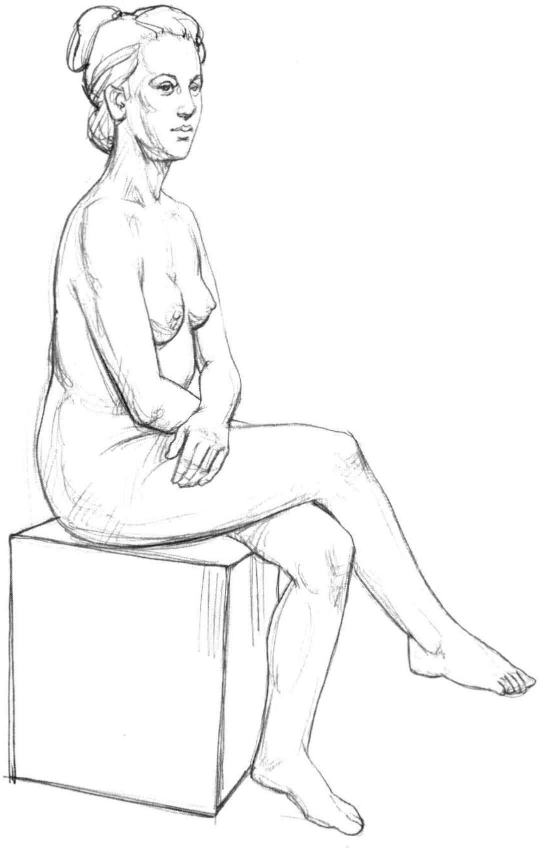

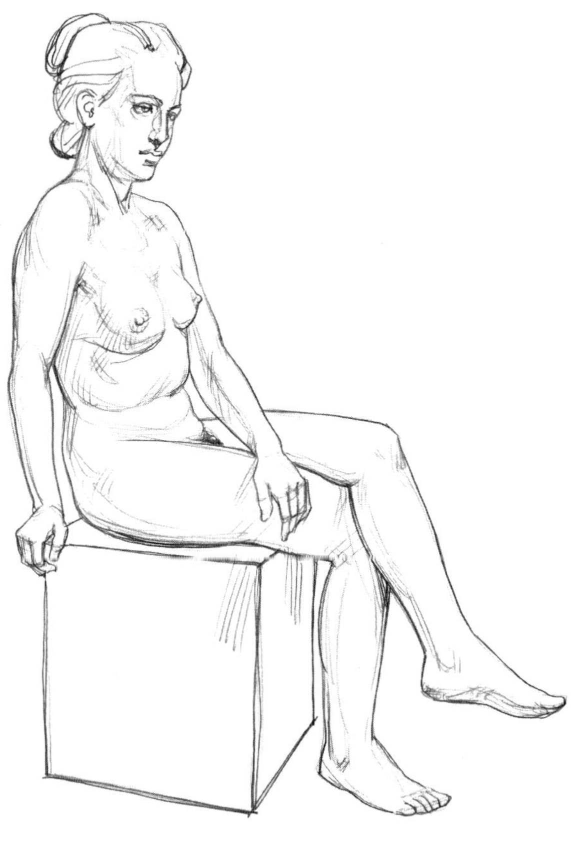

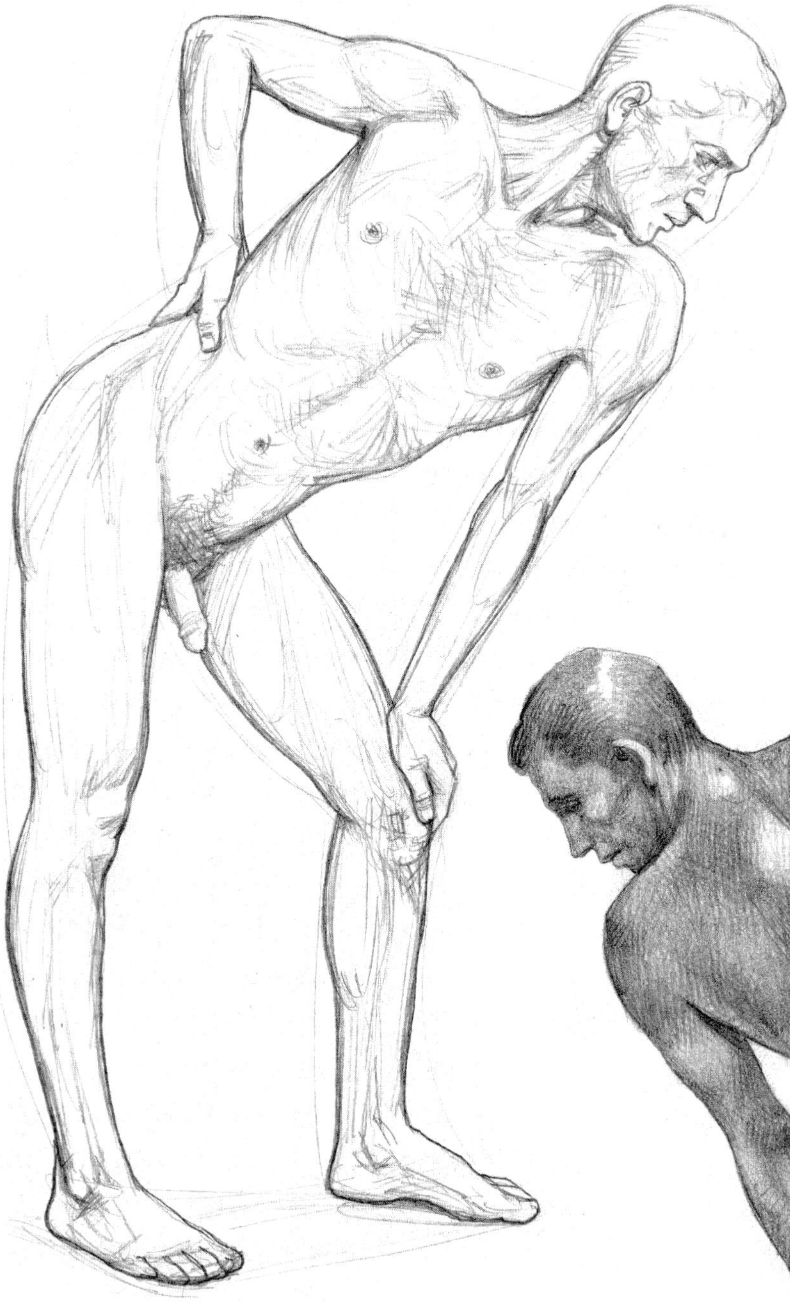

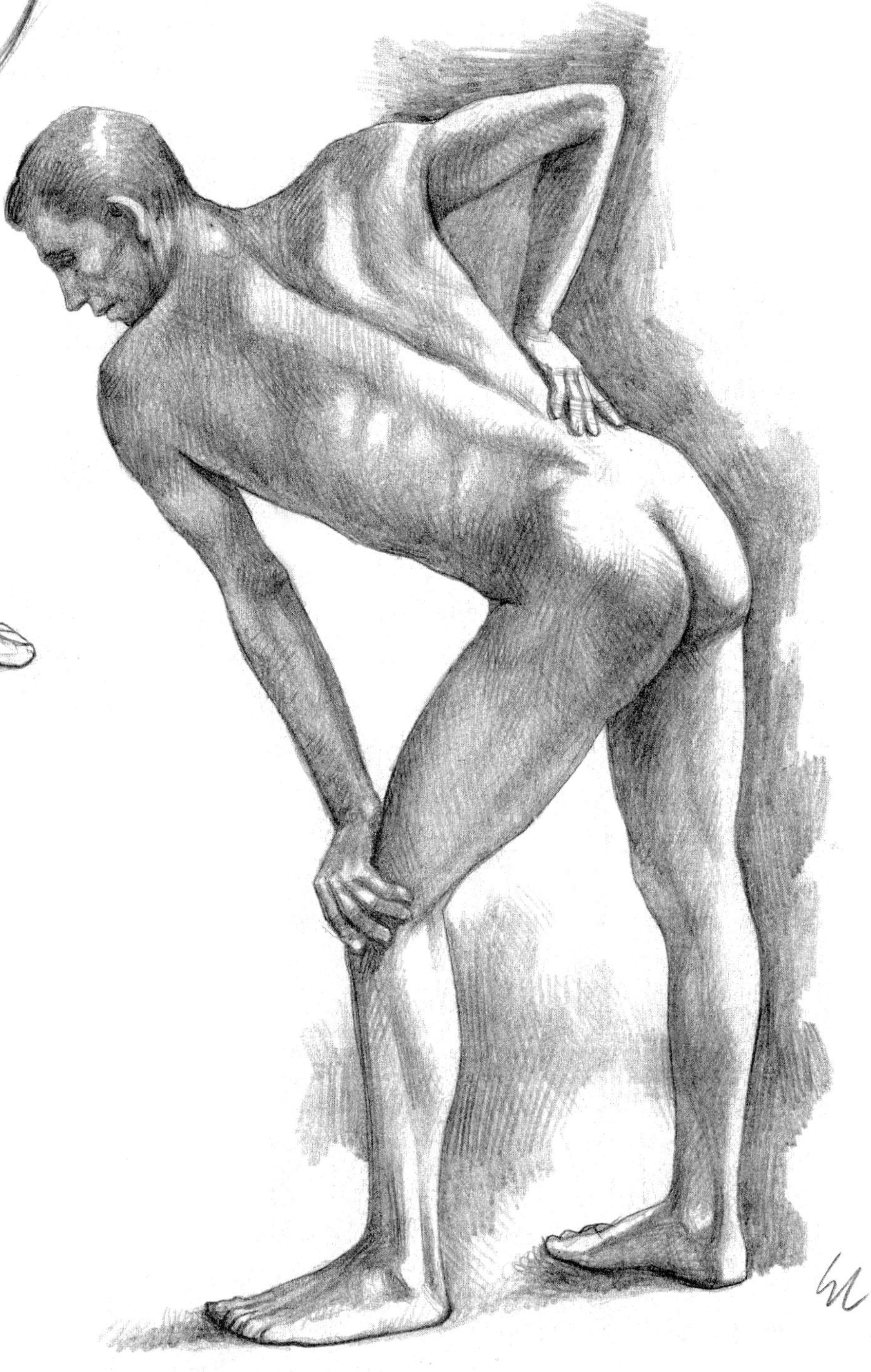

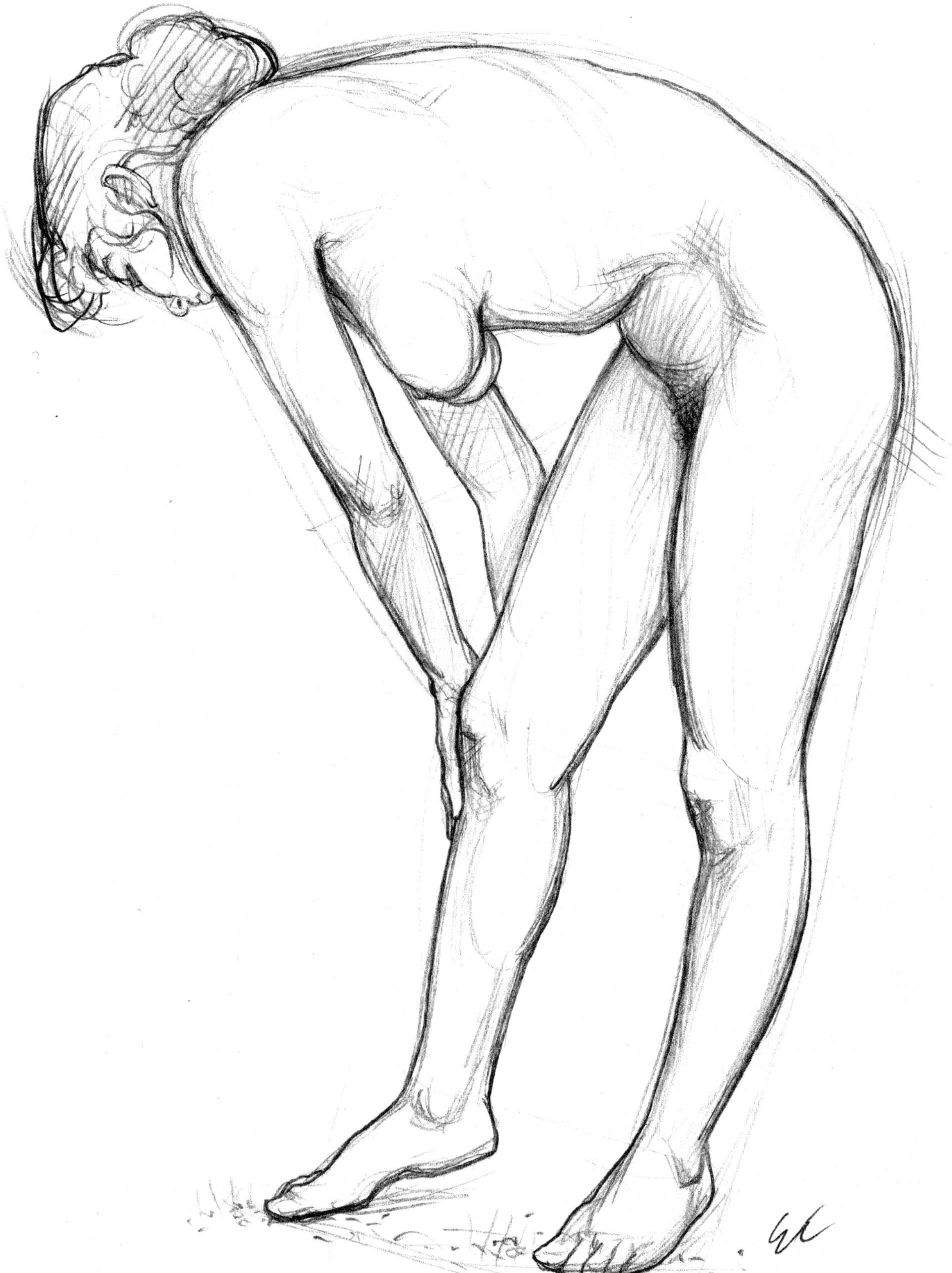

12 LÍNEA Y TONO

Mediante la *línea*, se sigue y se representa la forma (la humana en nuestro caso) en sus rasgos esenciales. El dibujo de línea es el modo más sintético para representar los objetos, de los cuales se reconocen sus contornos y los perfiles de sus volúmenes, y se traducen como formas lineales. De hecho, la línea es un concepto abstracto, una convención idónea para describir claramente el confín entre superficies, sombras, masas o elementos estructurales de un cuerpo. Sin embargo, dependiendo de cómo se trace (uniforme, quebrada, continua, modulada, etc.), la pura línea puede asumir aspectos muy significativos y fuertemente expresivos. Cuando se dibuja a simple línea los perfiles de la figura humana, uno se ve obligado a poner la máxima atención sobre los límites de la forma y sobre los rasgos principales y sintéticos más idóneos para representarla, pasando por alto intencionadamente los detalles de las formas menores y las sombras que modelan la superficie corporal. Pero el dibujo puramente lineal es pocas veces suficiente para definir cabalmente las relaciones espaciales y el volumen del cuerpo que se pretende representar. Para modelar las formas de manera eficaz, al menos según la representación gráfica tradicional, es necesario recurrir al *tono* e introducir algunos valores de claroscuro adecuados para indicar las diversas gradaciones de sombra. Con tal fin, es útil introducir, desde el comienzo del dibujo, los valores tonales más significativos que se es capaz de captar sobre el cuerpo del modelo y trazarlos enseguida sobre toda la figura (en vez de tan sólo sobre sus partes individuales), simplificándolos en un número muy limitado, por ejemplo: tono claro (la zona de iluminación más intensa), tono medio y tono oscuro (la zona de sombra más marcada).

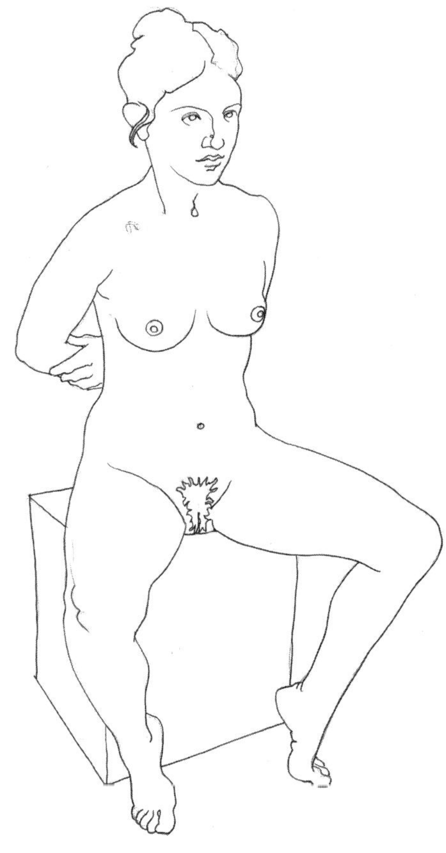

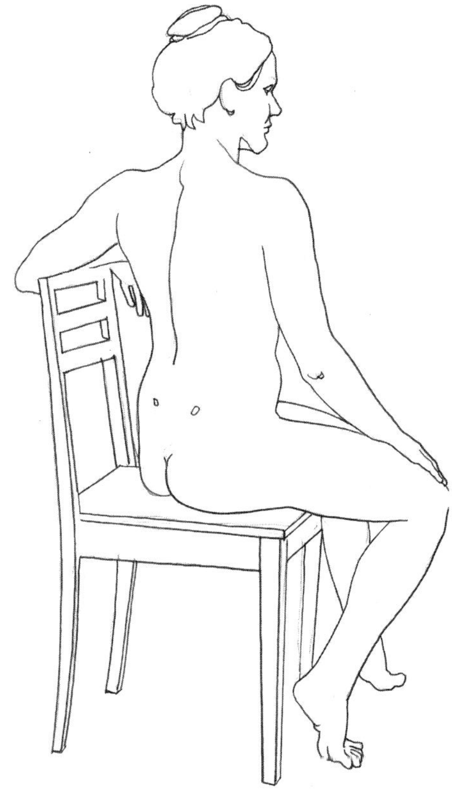

Además de los contornos de las formas externas, es útil, a veces necesario, dibujar también los perfiles de algunas formas "internas" (elementos del rostro, etc.), de manera sintética y concentrando la atención sobre las particularidades anatómicas más significativas en relación con la postura considerada. El dibujo de línea, en conclusión, no debería "achatar" las formas corporales en un efecto meramente "decorativo", sino dejar que se intuya el aspecto de solidez y de volumen.

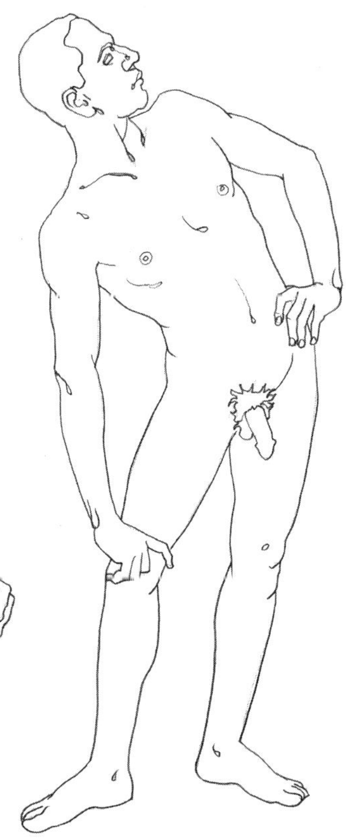

b

a

Se pueden indicar, en el dibujo, las áreas de sombra más amplias y esenciales, tanto después de haber trazado los contornos lineales de la figura (a) como introduciéndolos directamente en primera instancia (b), es decir, haciendo aparecer las formas mediante los simples juegos de luz y de sombra, eventualmente reforzados y conectados o mejor definidos con algunos trazos de línea.

Dibujo tonal

Dibujo de línea

La sombra, privada de sus variaciones tonales, acentúa el efecto ilusorio de volumen y de posición espacial del cuerpo. Naturalmente, el dibujo se puede desarrollar con diversos grados de integración entre los dos modos extremos (el dibujo puramente de línea y el dibujo puramente tonal).

13 RITMO

La evolución de una línea puede sufrir variaciones o interrupciones a intervalos regulares y adquirir un valor rítmico. El *ritmo*, de hecho, es una "situación" que se repite a intervalos cíclicos y definidos: es muy frecuente en la naturaleza y, por eso, se puede observar en las formas del cuerpo humano. Por ejemplo, una dimensión restringida se alterna con una más dilatada, un perfil convexo con otro cóncavo, una dirección hacia el interior con otra hacia el exterior, etc. Es interesante y útil localizar las relaciones entre las alternancias de líneas en cualquier postura del cuerpo, para conferir a la figura los caracteres de escansión rítmica, de unidad orgánica o del fluir de líneas y formas. La diversidad de las formas y la alternancia de los desarrollos elimina la monotonía de la uniformidad visual y también los mismos ejes estructurales de los diversos segmentos, si tienen una direccionalidad dominante, pueden configurar y expresar "fuerzas" potenciales muy adecuadas para sugerir equilibrios, tensiones o efectos dinámicos. El ritmo, sin embargo, no se encuentra sólo en la línea, sino también en otros componentes que contribuyen a estructurar la ordenación compositiva de un dibujo, de un cuadro o de una escultura, por ejemplo en el tono, en el color, en el volumen o en la disposición de los elementos de "peso visual", etc.

El ritmo de la pose viene marcado por una línea "interna" que recorre el cuerpo, en toda su longitud, y evidencia la postura adoptada por la figura o el movimiento que está realizando. En el cuerpo humano, además, las formas de las extremidades se conectan con la forma del tronco: el ritmo se observa y se percibe en el modo en que cada parte se enlaza con la contigua y en el modo en que todas las partes confluyen en el organismo entero.

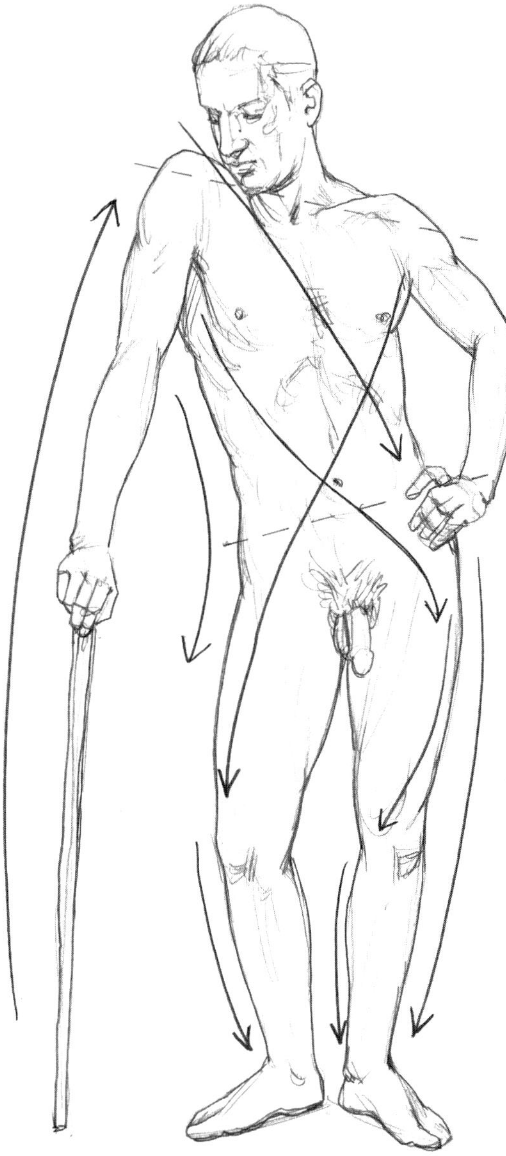

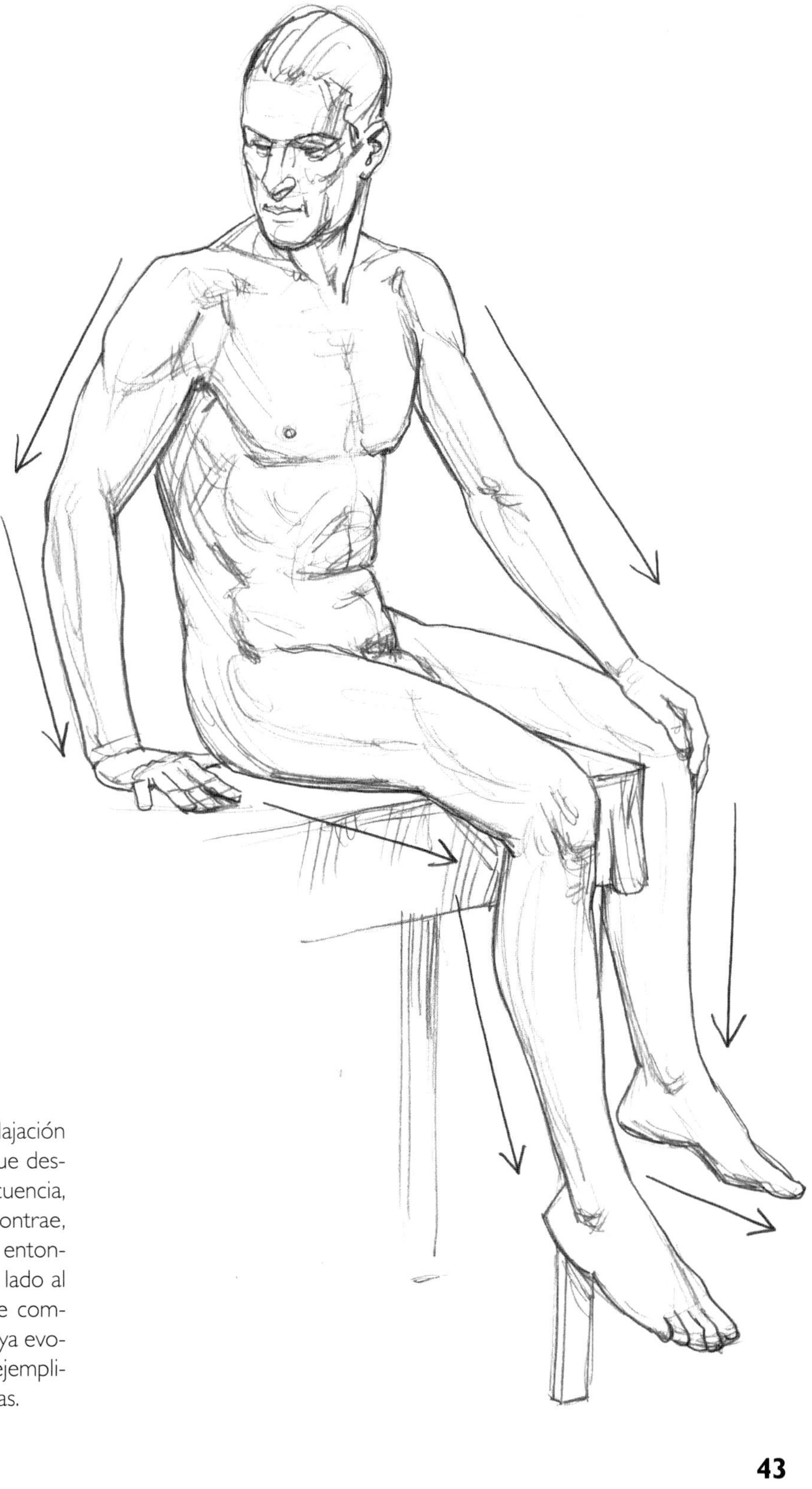

En los músculos, la relación entre contracción y relajación determina la variación y la alternancia de los perfiles que describen su forma externa: de hecho, con mucha frecuencia, cuando un grupo de músculos entra en tensión o se contrae, otro grupo de acción opuesta se extiende. Se sugieren entonces líneas ideales que, entrelazándose y pasando de un lado al opuesto del cuerpo, describen una serie de curvas de compensación, de líneas de flujo o de líneas de contraste cuya evolución es fácil e intuitivo localizar, como he tratado de ejemplificar en los esquemas reproducidos en estas dos páginas.

14 GRAVEDAD

La fuerza gravitatoria terrestre atrae hacia abajo a los objetos y su acción se realiza en el baricentro, o centro de gravedad, es decir, el punto en que se considera condensado el peso del cuerpo, determinando las condiciones de mantenimiento o de pérdida del equilibrio. Además de éste, hay otro aspecto de la gravedad que merece que el dibujante lo considere. Las formas externas del cuerpo, en las diversas posturas, vienen determinadas por una estructura bastante rígida de sostén, el esqueleto, y por tejidos de consistencia menor y diferente, los llamados "tejidos blandos", como la piel, los músculos, el tejido adiposo, etc. La fuerza de gravedad no modifica el aspecto de los huesos y actúa sobre éstos únicamente haciendo asumir, a cada uno de los componentes esqueléticos, las adaptaciones de equilibrio impuestas por la posición casual en la que está dispuesto el cuerpo. Las partes blandas, en cambio, están sujetas a modificaciones de forma, como es bien sabido por la observación común. En la mujer las modificaciones son, quizá, más llamativas y fácilmente observables: los cabellos, las mamas o el abdomen, por ejemplo, se comprimen, se expanden, se alejan o se acomodan sobre el tronco, según la modelo se coloque en posición prona, supina, erguida, tendida lateralmente o, incluso, cabeza abajo. Además, los tejidos blandos se adaptan a la forma del soporte o de otra parte del cuerpo con el cual entran en contacto. La entidad de la adaptación se relaciona con la consistencia del soporte y con el límite de compresibilidad del tejido orgánico.

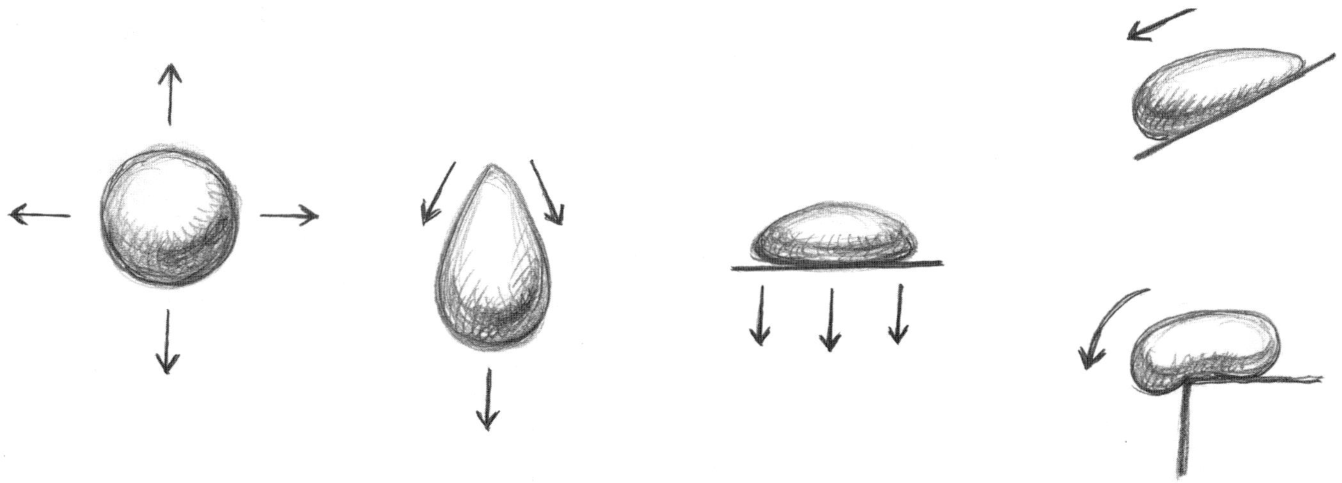

En los esquemas se ejemplifican visualmente algunos efectos de la fuerza gravitatoria aplicada sobre una gota de líquido, en diversas condiciones: ausencia de gravedad, presencia de gravedad, acomodada sobre un plano horizontal o inclinado, y en proximidad de una arista.

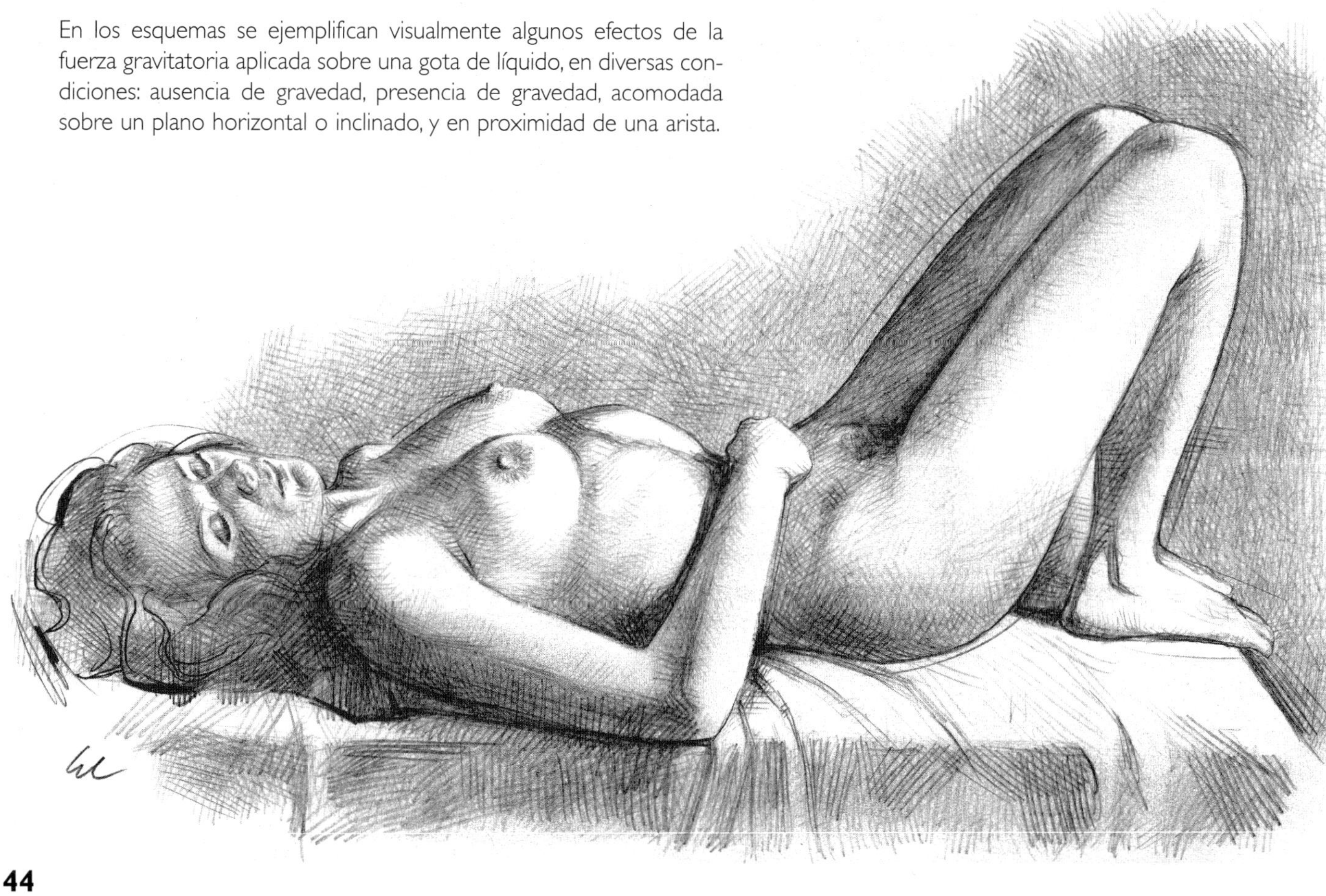

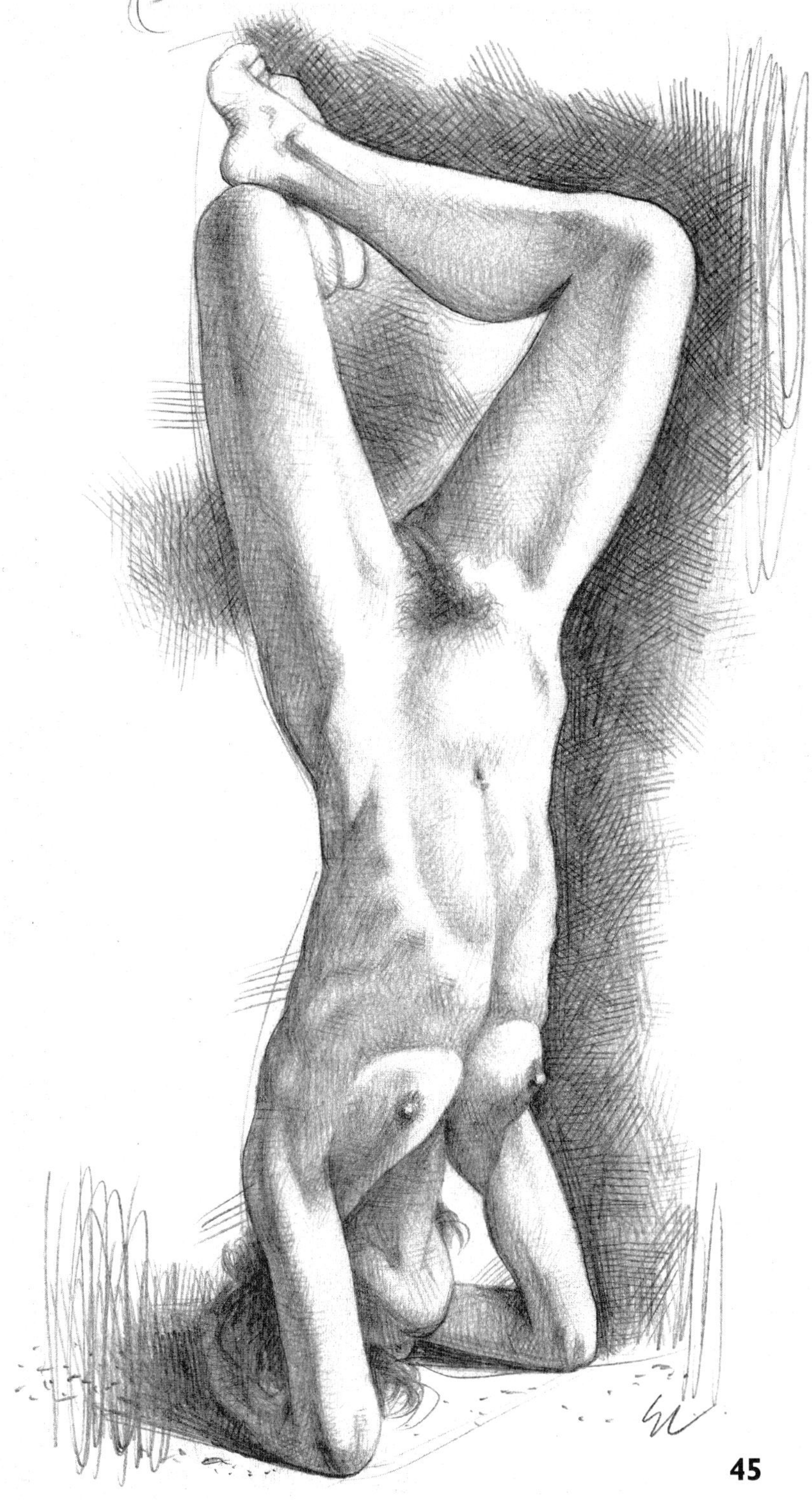

15 ESBOZO Y ESTUDIO

Cuando conocemos demasiado bien,
conocemos demasiado poco

La observación del "natural" llevada a cabo mediante el dibujo viene guiada por diferentes objetivos y conduce a diversos grados de profundización conexos con cada una de las finalidades peculiares. En el dibujo del "desnudo" se puede explorar, por ejemplo, el aspecto compositivo, el anatómico, el expresivo, el estructural, el del claroscuro, etc. Se pueden, por tanto, distinguir algunos tipos de dibujo que acompañan la actuación del artista en su itinerario de aproximación al modelo y de aproximación gradual al dibujo definitivo, válido por sí mismo o preparatorio de una obra compleja. En la "práctica" del dibujo de la figura humana, pues, se distinguen dos modos principales, muy útiles también para aprender y progresar: el esbozo, o bosquejo, y el estudio, distintos por concepción, finalidad y ejecución. El esbozo es la primera anotación, rápida y sintética, que fija la idea preliminar de un proyecto de composición o de una actitud corporal interesante. En su forma más esencial, el esbozo puede coincidir con el dibujo "gestual" (ver pág. 9) e induce a localizar las líneas principales de las formas de manera inmediata y sintética, sin preocuparse demasiado por la apariencia que el trazado tiene de estar incompleto. Consiste, en resumen, en tomar las primeras notas inspiradas por una actitud espontánea y casual del modelo o de una postura precisa que se quiera indagar, aspectos que parecen merecedores de profundizarse en estudios más elaborados del natural. El *estudio*, entonces, asume la función de observación, de registro atento y analítico de algunos aspectos de la figura: la estructura anatómica, las proporciones, el "carácter" de la pose o los efectos de luz y sombra, etc. La profundización cognitiva del estudio se refleja también en una elaboración técnica mayor y más lenta, realizada con instrumentos gráficos idóneos destinados a representar mejor las peculiaridad de forma y a valorar la eficacia de diferentes soluciones estéticas.

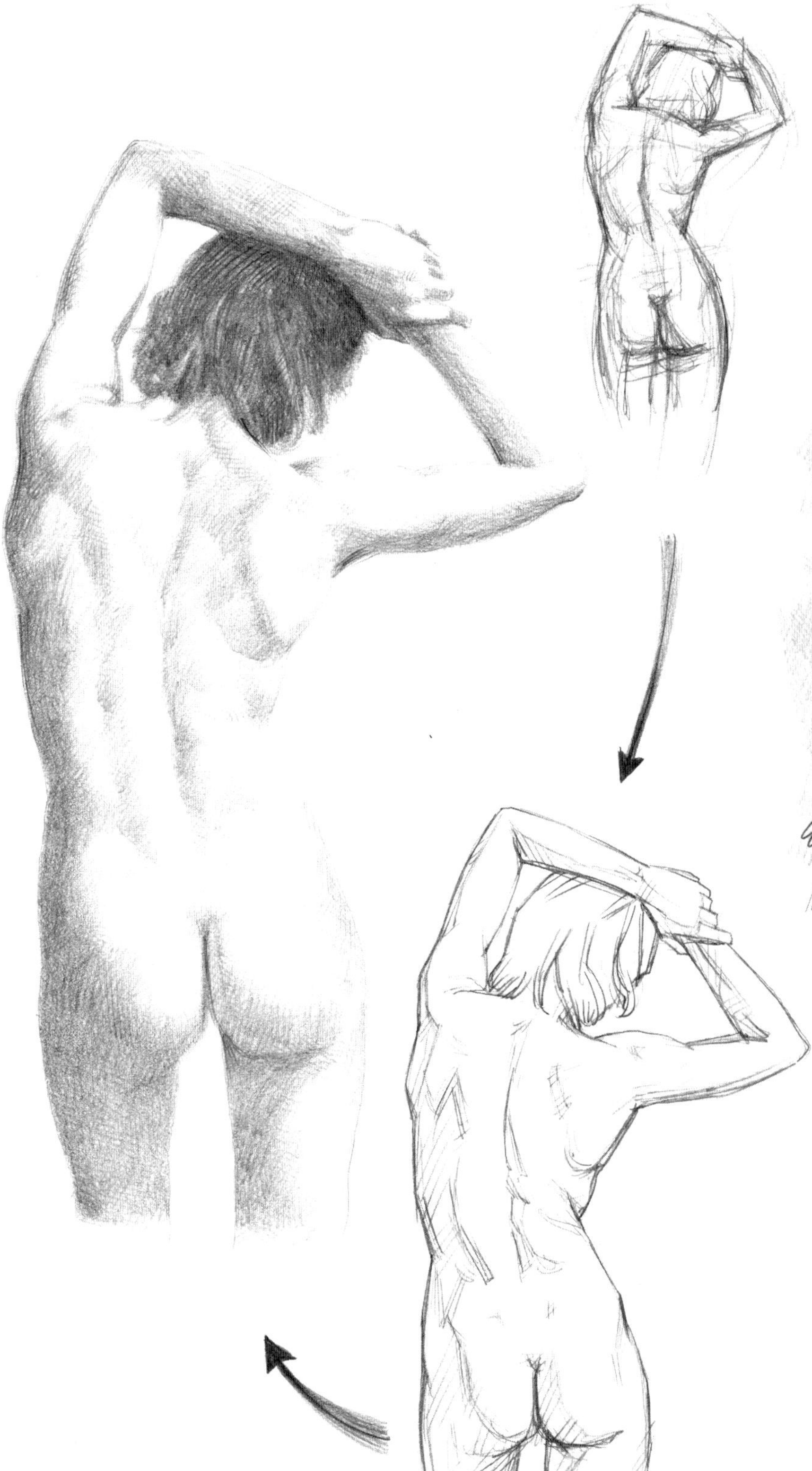

Las posturas inestables, como ésta, no pueden ser estudiadas cabalmente del natural: el equilibrio es precario y fatigoso de mantener durante más de unos minutos. Son las posturas adecuadas para un dibujo rápido, suficiente para captar el "carácter" fundamental del cuerpo y de la acción, eventualmente a profundizar, con mayor análisis, pidiendo al modelo otras poses iguales, breves pero repetidas, o bien recurriendo a alguna buena fotografía de documentación.

La modelo es distinta, pero la pose es análoga a la reproducida en pág. 50. La simetría se refleja todavía más evidente por la posición especular de los brazos alzados; sin embargo, está ligeramente obstaculizada por la rotación de la cabeza, tanta que hace aparecer casi de perfil el rostro. Y está obstaculizada también por la mínima diversidad de posición y de forma de los pechos, los cuales (es útil recordarlo) normalmente no son casi nunca perfectamente idénticos en los dos antímeros corporales.

A pesar de las apariencias, esta postura es, de todos modos, bastante "estática". Las tensiones son sobre todo de carácter compositivo y de claroscuro. De hecho, el dibujo ha sido realizado enteramente del natural, con la modelo en posición durante todo el tiempo necesario, una media hora. Según decía, ni siquiera se cansó mucho...

La postura aquí reproducida es una "pose" típica: es decir, el modelo ha asumido una posición que en tiempos se definía como "plástica", encaminada a poner en evidencia el juego muscular y los efectos de luz y de sombra que lo hacen resaltar. Estatismo o dinamismo aparecen, pues, un poco amanerados, buscados, exhibidos, o bien, como en esta pose, se pueden ver contemporáneamente: la disposición piramidal del cuerpo contrasta con la torsión lateral del tórax, la rotación de la cabeza, la disposición sobre la misma línea oblicua de los brazos, la contracción de los músculos de los muslos, etc. Son de las poses que, de todas maneras, merecen ser estudiadas porque el modelo puede mantenerlas durante un período de tiempo bastante largo y permiten un atento análisis de la musculatura superficial.

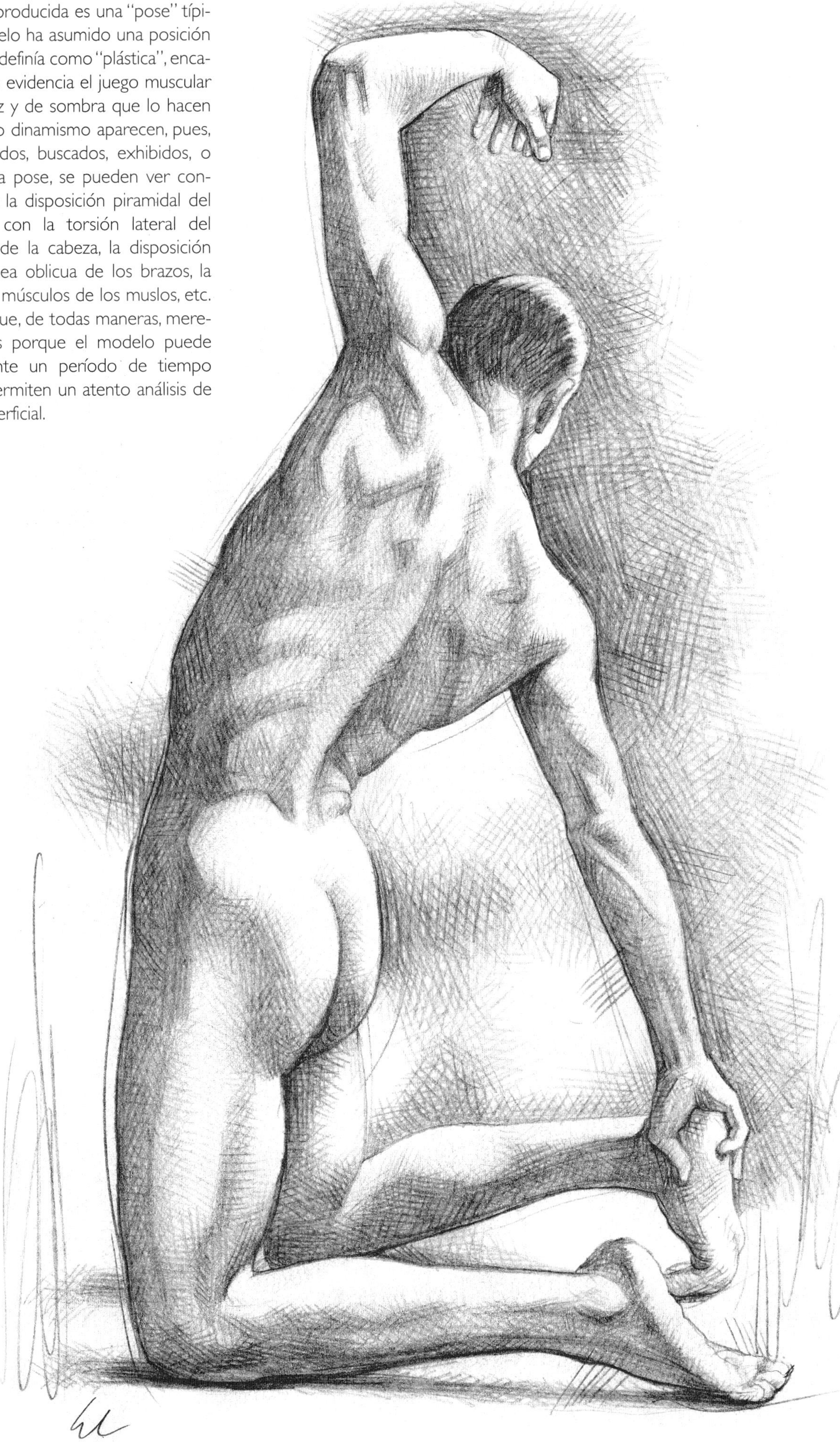

A veces, las posturas adoptadas por el cuerpo pueden reducirse a dos categorías: las "formas abiertas", que son las asociadas con aspectos y sensaciones de dilatación, divergencia o irradiación de los segmentos corporales hacia el espacio circundante, como si fuesen empujadas por fuerzas centrífugas, y las formas "cerradas", que, al contrario, parecen expresar un carácter de concentración, de densificación, como si las formas del cuerpo fuesen recogidas por una fuerza centrípeta. Así pues, la postura aquí retratada está marcadamente cerrada, más herméticamente también por la unión de las manos y por el entrecruzamiento de los dedos, pero sugiere asimismo una tensión "explosiva", dada por la torsión del tórax y por la protuberancia de la rodilla izquierda, que sale entre el brazo y el tronco, y cuya relación con las demás partes corporales no es fácil de apreciar, al menos a primera vista.

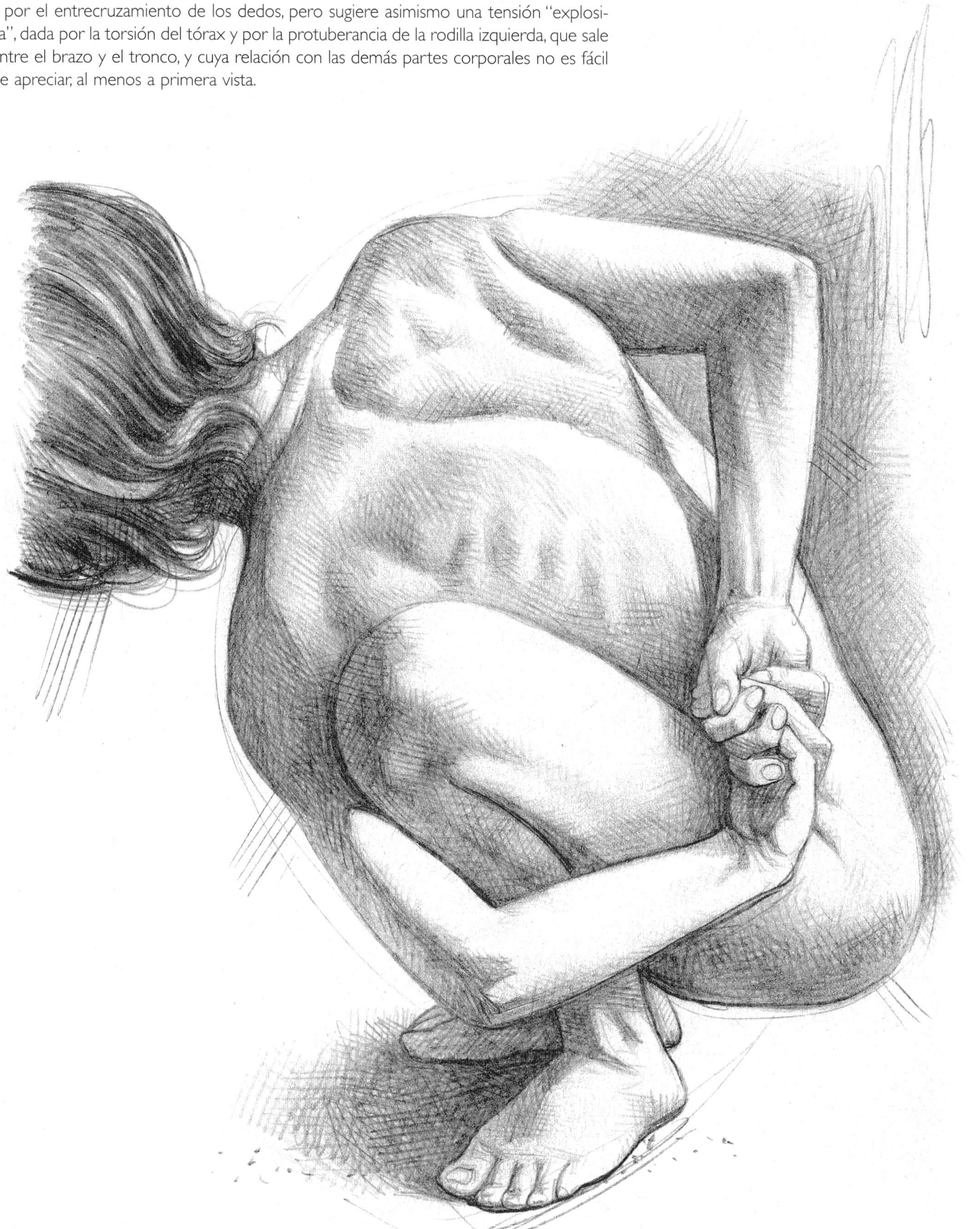

Una acción "detenida" en una fase de su desarrollo conduce a un dibujo decididamente "dinámico", en el sentido más común del término. Si no se quiere recurrir a la fotografía o a las poses repetidas muchas veces, el estudio preciso de estas posturas es bastante difícil. También la simple ralentización fragmenta y altera la secuencia del gesto y reduce su flujo natural espontáneo. El artista y el modelo, por tanto, se ven obligados a poner en práctica fantasía y creatividad para hacer el dibujo, encontrando un compromiso aceptable y el modo mejor para "detener" el movimiento: después de un dibujo rápido que capte plenamente el "carácter" del gesto y las formas anatómicas que lo definen, tras algunas fotografías de documentación, hace falta idear algún soporte que permita al modelo mantener la pose (aun con una pérdida parcial de tensión y de espontaneidad...), durante al menos unos minutos. La modelo retratada en este dibujo, por ejemplo, se "sentó" en el brazo de un sillón y apoyó los dedos sobre una caja de cartón.

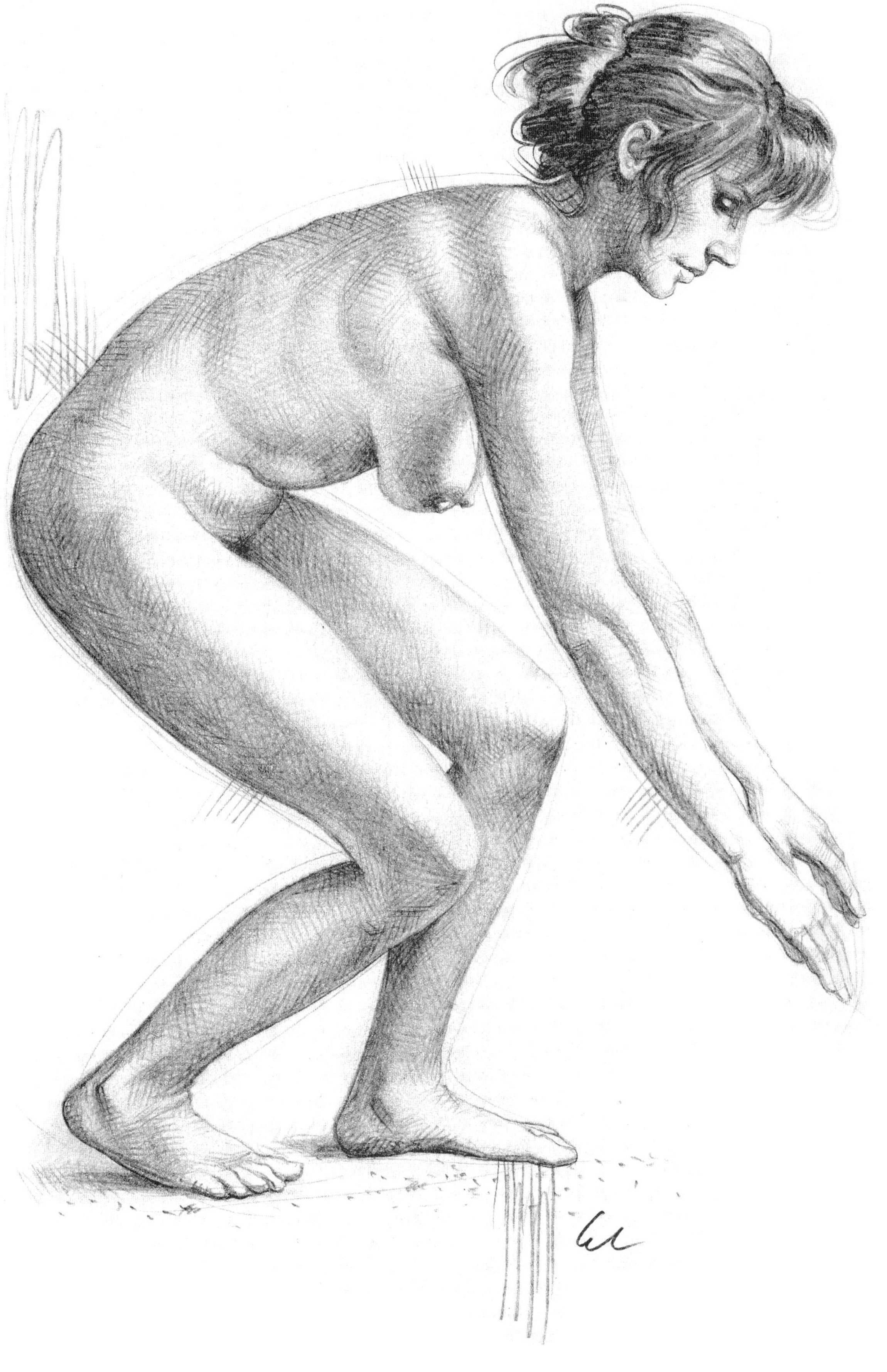

Las bailarinas y los bailarines, especialmente los que se dedican a la danza "contemporánea", son muy propensos a asumir posturas derivadas de su actividad profesional. Es mejor, pues, dejarles actuar libremente y captar, en su momento, la postura que parece interesante y expresiva tanto desde el punto de vista estético como (sobre todo) por las posibilidades de estudio anatómico/morfológico que podría ofrecer.

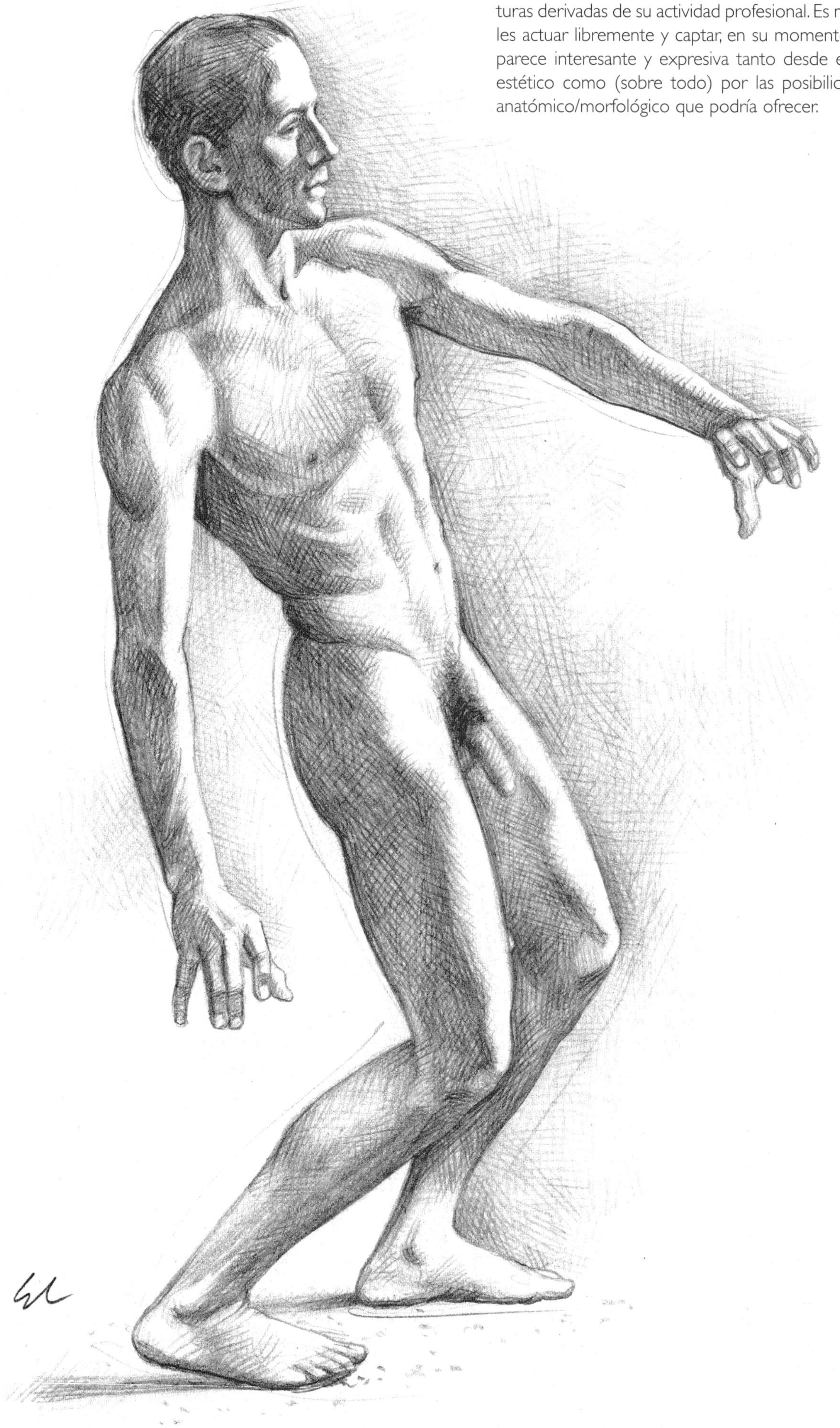

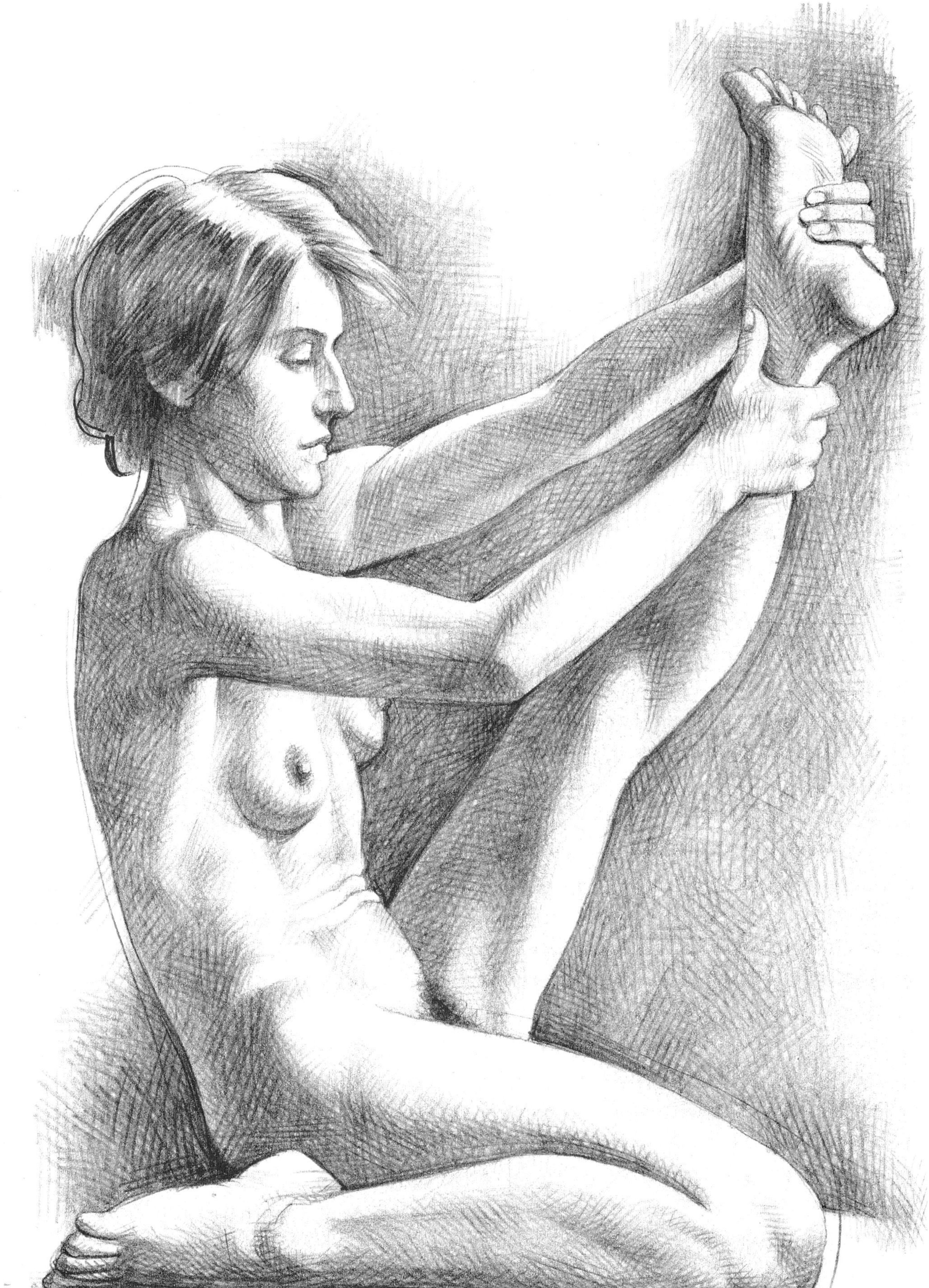

Otra forma "cerrada", realizada por la misma modelo que ha aparecido en algunos dibujos anteriores y que es especialmente hábil en la asunción de posturas atléticas. En estos casos, sin embargo, es preferible no acentuar demasiado los relieves musculares o la densidad de las sombras que ellos proyectan y limitarse, en cambio, a su representación correcta y suficientemente significativa en relación con la intensidad de la acción desarrollada.